本书为内蒙古自治区科技厅软科学研究计划项目“内蒙古科技成果转化的路径和对策研究”的最终成果。

朱晓俊 赵栩 姜宝林 邢智仓 等◎著

科技成果转化的内蒙古之路

The Development of Scientific and Technological Achievements Transformation in Inner Mongolia

经济管理出版社
ECONOMY & MANAGEMENT PUBLISHING HOUSE

图书在版编目（CIP）数据

科技成果转化的内蒙古之路/朱晓俊，赵栩，姜宝林，邢智仓等著. —北京：经济管理出版社，2017.12

ISBN 978-7-5096-5432-3

Ⅰ. ①科… Ⅱ. ①朱… ②赵… ③姜… ④邢… Ⅲ. ①科技成果—成果转化—研究—内蒙古 Ⅳ. ①F124.3

中国版本图书馆CIP数据核字（2017）第257575号

组稿编辑：张莉琼
责任编辑：张 艳 张莉琼
责任印制：司东翔
责任校对：雨 千

出版发行：经济管理出版社
（北京市海淀区北蜂窝8号中雅大厦A座11层 100038）
网 址：www.E-mp.com.cn
电 话：（010）51915602
印 刷：北京玺诚印务有限公司
经 销：新华书店
开 本：710mm×1000mm /16
印 张：11.75
字 数：186千字
版 次：2018年5月第1版 2018年5月第1次印刷
书 号：ISBN 978-7-5096-5432-3
定 价：48.00元

序　言

课题组把沉甸甸的研究成果送我阅读，并希望我能题写一个序言。读了这个文本，觉得写一写为好，借此机会和大家做个交流，也算是我对恳请者的一个交代，更确切地说是对课题组劳动的尊重。

说到科技成果转化，大家的共识是转化率低。究其原因，可能是多方面的，从供给角度来说，很多研究或是重复劳动，或是不具备推广价值，或是没有转化动力，一些有市场潜力的成果可能由于研究者没有精力而束之高阁。从转化需求的主体来说，我们的企业大多研发转化的动力能力不足，中小企业多，生产基本上是仿制和粗加工，规模小，流动资金紧张，购买专利和改造生产线的能力弱，难以依靠科技进步经营企业。从转化服务来说，区域性行业服务机构少，能力弱，从业人员能力良莠不齐，热衷于举办技术市场交易会，科技成果推广对接会，场面热闹，收效一般，往往仅起到单一沟通的作用，只有过程没有结果。从监督管理来看，科技成果转化是政府科技主管部门职能的“后端”，产业主管部门的“前端”，两者衔接和引导动力不足，管理制度和方式滞后于科技发展的需要。为此，内蒙古自治区调整科技计划，实施了科技成果转化工程，取得了一些成效，这个研究报告里做了一些总结分析，很是客观和中肯，可见课题组是下了功夫的。

说到软科学研究，20 世纪 90 年代，科技主管部门就开始列入了计划管理。近几年，人们对软科学的认识程度逐渐加深，党委政府对科学决策的需求不断加强，软科学研究的作用也日益显现出来。我们实施了技术路线图、发展规划、人才平台等一系列项目，软科学研究机构不断涌现，研究队伍不断扩大，参加软科学研究计划项目人员逐年增加，为内蒙古自治区重大科技发展战略、方针政策制定以及战略决策的科学化进程发挥了十分重要的作用，为内蒙古自治区重大战略决策提供了有力的支撑。内蒙古自治区社科联、发展研究中心、几所大学等智库建设也搞得有声有色，甚至在“一带一路”倡议、“中蒙俄经济走廊建设”的国家战略中也听到了我们软科学研究队伍的声音，这个课题组中的一些学者就在其中，这是可喜可贺的。

说到内蒙古自治区创新驱动发展的实际，我们有成绩也有困难，今后很是需要软科学研究队伍的智力支持。党的十八大以来，在习近平新时代中国特色社会主义思想的指引下，在自治区党委和政府的正确领导下，全区的科技创新发展取得长足进步。一是不断加大科技投入，综合科技实力得到显著提升。2016 年，全社会研究与试验发展（R&D）经费达到 136.1 亿元，是 2011 年的 1.58 倍。全区专利申请量首次突破 1 万大关，达到 10672 件，是 2011 年的 2.78 倍。技术合同交易总额达到 144.19 亿元，是 2011 年的近 2 倍。科技创新基础条件显著改善，自主创新领域不断拓宽，综合科技实力位列全国第 23 位。二是大力加强科技平台载体建设，区域创新体系初步形成。平台载体是汇集创新要素的重要集聚地，是创新体系的重要组成部分。经过近几年的努力建设，支撑创新型内蒙古建设的科技创新体系已初步形成。截至 2016 年底，全区共有国家高新区、农业园区、特色产业化基地、可持续发展实验区、科技企业孵化器、科技合作基地、大学科技园、知识产权示范园、创新型试点城市、科技特派员创业基地 52 个。全区共有自治区级重点实验室、工程技术研究中心、企业研发中心、院士专家工作站、新型研发机构 722 家。全区高新技术企业数量实现翻番，达到 421 家。三是积极推进科技攻关和成果转化，产业技术水平明显提高。针对经济和社会发展中的重大科技需求，我们全力以赴地支持引导重点领域的科技攻关和成果转化，为全区供给侧结构性改革提供了有力的技术支撑。2016 年，全区高新技术产业工业总产值为 2933.21 亿元，占规上工业企业总产值的比重为 14.26%。多个产业技术水平显著提高，高新技术领域、农牧业技术领域以及面向自治区重大战略需求的基础科学领域，取得一系列重大关键技术突破。四是深入推进科技体制改革，科技创新发展环境得到优化。按照国家和自治区的统一部署，在开展科技创新顶层设计、推进科技计划资金管理改革、建立科技决策咨询制度、推进科技成果转化、大型科研仪器资源开放共享等方面出台了一系列改革措施，为全区科技创新发展创造了有利的环境条件。

讲了这么多的背景情况，就是想和大家交流，软科学研究要主动服务科技创新的发展，服务建设壮美内蒙古的发展，只要目标坚定，脚踏实地，未来一定会“顶天立地”，大有作为！

是为序。

内蒙古科学技术厅厅长　李秉荣

丁酉年仲秋于呼和浩特

目　录

Contents

第一章　导　论

作为欠发达的少数民族地区，在历经了近 10 年的高速增长之后，内蒙古经济与全国其他省份一样，步入增速换挡、经济转型的新常态。面对全球新一轮科技革命与产生变革的重大机遇和挑战，面对经济发展新常态下的新趋势和新要求，围绕实现全面建成小康社会的历史性任务，党的十九大提出，落实科技强国战略，要加快科技成果转化，建设创新型国家。内蒙古自治区第十次党代会提出，要加快科技成果转化和推广应用，抢占产业变革的制高点。为推动内蒙古经济结构的转型升级，要从科技发展的规律出发，实施创新驱动发展战略，打通科技成果转移转化通道，推动创新型内蒙古建设和经济提质增效升级。

第一节　创新驱动是内蒙古转型发展的必由之路

一、内蒙古进入质量效益型发展新阶段

进入 21 世纪的第一个十年，内蒙古紧紧抓住国家进入工业化加快发展阶段对资源型产品需求大幅增长的机遇，实施规模持续扩张战略，充分发挥丰富的能源、矿产资源优势，大力发展具有比较优势的能源重化工业，经济保持了十多年的高速增长，生产总值增速曾经连续 8 年全国第一，经济规模迅速扩大，实现了经济的跨越式发展。

进入“十二五”后期，随着我国经济进入新常态，经济由高速增长阶段转向高质量发展阶段，国家对能源的需求逐步下降，经济发展特征出现重大变化，以能源工业为单一动力的经济增长格局面临着经济增长下行的压力。新常态给内蒙古的经济发展带来了新的挑战：经济增速放缓、增长动力缺失等。当前，内蒙古面临着一些突出的矛盾：做大经济总量与提升发展质量的矛盾；传统产业转型艰难与新兴产业成长缓慢的矛盾；原有优势逐步丧失与新的优势尚未确立的矛盾。有效化解这些矛盾，必须落实创新发展理念，发挥创新引领作用，加快供给侧结构性改革，实现由速度型经济向效益型经济的转变，提高资源配置效率，通过提高经济发展的质量和效益，促进经济持续健康发展，推动经济发展走出一条更有质量、更有效益的道路。

二、创新发展是发展模式转换的关键

长期以来，内蒙古经济离不开大量物质要素的投入，尤其是化石能源的投入。但是，由于较低的利用效率、较低的产品附加值和高昂的环境代价，亿元工业产品增加值带来的工业废气污染物排放量、固定废弃物未利用量和危险物未利用量都高于国家平均水平。同时，“十二五”期间，内蒙古的社会劳动生产率明显下降，相比全国平均水平，优势越来越小，仅仅依靠资本、资源等生产要素的大规模投入已不足以提高经济的质量和效益。当前内蒙古自治区的R&D经费支出还不足地区生产总值的1%，与全国平均的水平也有相当大的差距，万元R&D经费支出专利批转量逐年下降，这必然会造成整体创新能力不足，特别是核心技术和自主知识产权缺乏，这很大程度上制约了经济结构调整和经济发展质量提高。

中共十八届五中全会提出坚持创新发展，必须把创新摆在国家发展全局的核心位置，不断推进理论创新、制度创新、科技创新、文化创新等，让创新在全社会蔚然成风。其中，科技创新是创新的核心。内蒙古自治区第十次党代会提出，创新是转型升级的关键驱动，要坚持有所为有所不为，围绕产业链部署创新链，围绕创新链延伸产业链，加快形成以创新为主要引领和支撑的经济体系和发展模式。瞄准国内外科技前沿，加强重点产业领域共性关键技术攻关，着力在资源能源高效利用、现代农牧业发展、新一代信息和生态环保等领域实施一批重大科技专项，掌握一批自主核心技术，加快科技成果转化和推广应用，抢占产业变革的制高点。充分发挥企业、高等院校、科研机构、社会组织等各类创新主体的作用，加强与国家科研院所和高校的合作，加快打造一批重点实验室、工程研究中心、企业技术中心和“双创”示范基地。深化科技管理和运行机制改革，加大科技研发投入力度，推进产学研一体化建设，优化创新创业环境，激发全社会创新活力和创造热情。实施人才优先发展战略和“草原英才”工程，突出“高精尖缺”导向，大力培养人才，广泛聚集人才，用活用好人才，为建设创新型内蒙古提供有力支撑。

第二节　加快科技成果转化是创新驱动的关键环节

一、落实创新发展理念的需要

党的十九大报告提出，创新是引领发展的第一动力，是建设现代化经济体系的战略支撑。报告中 10 余次提到科技、50 余次强调创新，提出到 2035 年跻身创新型国家前列。科技创新是创新发展的主要组成部分，在知识经济时代，科学技术是第一生产力，科学技术已经成为区域经济发展的决定性因素。目前，内蒙古科技进步贡献率只有 42%，远低于国内平均水平，距离“十三五”规划提出的到 2020 年科技对经济增长的贡献率提高到 55%的目标还有很长一段路要走。

科技成果转化是提高科技进步贡献率的关键环节。在科技成果转化为现实生产力方面，内蒙古任重而道远。目前，大量科技成果被闲置，既没有发挥这些成果应有的促进生产力作用，也是一种社会资源的浪费。大量凝聚着科研人员心血与智慧的成果往往只有本单位甚至本团队内部人知道，并且往往用于评奖或以论文形式发表，没有体现其经济价值。只有加快科技成果转化，才能将科技成果转化为现实生产力。

二、科学技术成为第一生产力的核心问题在“转化”

科学技术转化为现实生产力的速度直接决定着经济增长速度。科学技术从投入创新要素到成为经济增长的直接动力，大致可以分为两个阶段：第一阶段是成果的研发阶段，第二阶段是成果作用于经济社会实践的阶段，即成果转化阶段。科技成果转化可以看作技术创新最为重要的环节，是新技术、新发明最终实现市场价值的“惊险一跳”，是科技进步支撑经济发展的关键所在。在一些发达国家，科技成果转化为现实生产力的时间周期越来越短，科技对国民经济收入增长的贡献在 20 世纪初是 5%~10%，到了 20 世纪 70 年代一般达到 50%~70%，80 年代达到 85%，90 年代达到 90%以上。从宏观层面来讲，科技成果转化能力也是国家创新能力的重要内容；提升科技成果转化能力对于完善国家创新体系、实施创新驱动战略、加速创新型国家建设有着重要的影响。长期以来，内蒙古十分重视科技研发，“十二五”规划提出，“加快关键领域技术创新。把科技进步与产业结构优化升级、生态保护、民生改善有机结合起来，以原始创新为基础，以集成创新和引进消化吸收再创新为重点，促进科技成果向现实生产力转化，实现技术跨越带动经济跨越。”但是，科技成果转化为现实生产力的能力还不强，科技投入的成效没有很好地转化为经济社会发展的成果，反而成为制约内蒙古经济社会发展的薄弱环节。

三、加快产业转型升级必须以创新“落地”为前提

一直以来，支撑内蒙古经济发展的主要是煤炭、矿产、水泥等资源型产业。自 2002 年以来，内蒙古经济增速连续 8 年位居全国第一，但是进入“十二五”后，经济增速迅速放缓，粗放的经济发展模式已经难以为继。加快科技成果转化、依靠现代技术改造传统产业、大力发展新兴产业越来越迫切。随着以“互联网+”为代表的一批新经济新业态的兴起，以云计算、大数据、清洁能源等产业为代表的一系列新兴产业开始在内蒙古发展壮大，为产业结构优化升级提供了必要条件和可能性。内蒙古自治区第十次党代会明

确提出“更加注重运用高新技术和先进适用技术改造提升能源、化工、冶金、建材、装备制造、农畜产品加工等产业，让传统产业焕发新活力、增强竞争力。更加注重立足现有基础和优势，统筹部署、集中力量，加快培育打造新能源、新材料、节能环保、高端装备、大数据云计算、生物科技、蒙中医药等战略性新兴产业，使其成为支撑内蒙古自治区经济增长的主要动力”。这些重要部署的实施，迫切需要加快科技成果转化应用。

四、推进供给侧结构性改革的需要

2001 年以来，内蒙古经济越来越依靠投资拉动，2011~2014 年，内蒙古的投资率均在 70%以上，消费和净出口拉动小甚至为负拉动，2011~2014 年，内蒙古的消费率均在 42%以下，净出口率均低于-13%，“三驾马车”对内蒙古经济拉动不协调性突出。经济需求侧拉动“疲软”的表面下隐含着巨大的潜在需求无法实现的内因，实际上反映的是经济供需结构不匹配的深层次矛盾，其背后的实质是有效供给能力不足和经济结构调整滞后的问题。由于自主创新能力弱、转化水平低，目前内蒙古一些重要原材料没有形成有效供给能力，低技术水平基础上形成的投资只会造成更为严重的产能过剩问题。因此，推进供给侧结构性改革，引导供给与需求相匹配，实现经济中高速发展、制造业向中高端迈进，势在必行。在这一过程中，内蒙古必须要找准自己的优势，扬长避短，搞大量发明创造不是内蒙古的强项，但是可以把内蒙古建成新成果新技术转化的集聚区，吸引全国甚至世界各地的新成果、新技术，通过消化、吸收、转移，形成转化的实验场。

五、促进大众创业、万众创新的需要

为充分发挥大学生群体在大众创业、万众创新中的积极作用，近年来，内蒙古建立了高校人才培养、招生、就业联动机制，兴建了自治区高校科技园和自治区大学生创业园，鼓励和引导高校大学生创新创业。为推动众创空间发展，2015 年，内蒙古印发了《内蒙古自治区人民政府办公厅关于加快发展众创空间的实施意见》，先后认定众创空间试点 70 家、试点培育 23 家，涵盖自治区 12 个盟市、3 所高校、2 个国家级高新技术产业开发区，还成立了众创空间联盟。截至 2016 年，已累计安排科技专项资金 700 万元，支持了包头稀土高新区创业中心、众创空间联盟等 20 家单位。但是科技成果转化及产业化率不高成为内蒙古“大众创业、万众创新”的“阿喀琉斯之踵”。科技成果转化是连接创新与创业的桥梁。提高科技成果转化水平，可以实现大众创业与万众创新的无缝对接，发挥促进内蒙古经济发展的“双轮驱动”效果；反之，科技成果转化水平低，会造成创新创业之间的“梗阻”，使大众创业、万众创新的效果大打折扣。

第二章　理论基础

第一节　相关概念

一、科技成果

科技成果是自然科学技术成果的简称，不包括社会科学的研究成果，本书所指科技成果特指科学研究与技术开发所产生的具有实用价值的科技成果，即应用技术成果。应用技术成果是为提高生产力水平而进行的科学研究、技术开发、后续试能和应用推广中所产生的具有实用价值的新技术、新产品等成果。它与基础理论成果和软科学成果的不同之处在于，它可以被直接地应用于生产和服务过程，创造出知识、技术、价值含量高的新产品和新服务，满足人们日益增长的物质与精神文化需要，直接决定企业、国家的竞争力和发展实力。

二、科技成果转化

科技成果转化指为提高生产力水平，对科学研究与技术开发所产生的、具有实用价值的科技成果所进行的后续试验、开发、推广直至形成新产品、新工艺、新材料、新服务、新产业的技术经济活动，是应用技术成果实现商品化和资本化的过程。关于科技成果转化的内涵有以下几点需要说明：

第一，科技成果转化是对已有的科技成果进行的后续试验、开发、推广等，它也有研发过程，但是成果转化的研发不等于 R&D。前者是为了将 R&D 活动的成果（论文、原理样机、样品等）产品化和商品化而进行的科技活动。一般由设计与试制、小批量试制（中间试验）、工业化试验等阶段组成。它是 R&D 活动的延伸，但不包括在 R&D 中，而是从 R&D 中的部分应用研究（即应用技术研究）开始，经试验开发，到新产品的试销、营销并成为商品的这样一个过程。科技成果转化是科技成果由知识性商品转化为供市场销售的物质性商品的全过程，是一种带有科技性质的经济行为。

第二，科技成果转化的过程实质上是技术扩散的过程，也是科技成果商品化、产业化的过程，其本质内涵体现在“转”与“化”两个方面。如图 2-1 所示，“转”主要指科技成果在政府与中介服务机构的作用下，由科研院所、高等院校等供给体向企业、衍生企业流动的过程，是科技成果所有权和使用权的转移。“化”主要描述科技成果在供给体内部被再开发和应用的过程，具体包括小试、中试、产品化和产业化等阶段，该过程中伴随着技术扩散和技术创新，使技术成果发生了质的变化过程。在科技成果具体的“转”与“化”过程中，表现出明显的下列三方面特征：一是具有明显的利益驱动特征。如投资者进行科技成果转化是为了追求商业成功，获取经济效益，甚至是为了获得潜在的超常规的效益。效益的获得者是成功转化的行为主体和投资主体。二是系统性特征。从科技成果转化过程看，科技成果转化各环节环环相扣，但主体所需发挥的功能又不尽相同。如理论研究成果既是后续中试或产业化的基础，同时理论成果又需要后续的配套跟进，而在实际的转化过程中，各相关主体的作用及目标又具有多样性与差别化，这就需要系统的引导和推进。三是存在巨大的风险和收益的不确定性。科技成果转化是新产品、新技术形成和实现的过程，风险始终贯穿于转化全过程，在研发阶段以技术风险为主，在转化阶段以技术风险和市场风险为主，在使用阶段则以市场风险和经营风险为主。

第三，转化的过程大致可分为 4 个阶段，即市场预测确定科研目标阶段、科技成果的产生阶段、科技成果的转移阶段和科技成果的使用阶段。如图2-2所示，科技成果转化的 4 个阶段是相互联系、渐进的过程，只有完成了这 4 个阶段，才能达到科技成果转化为现实生产力的目的。

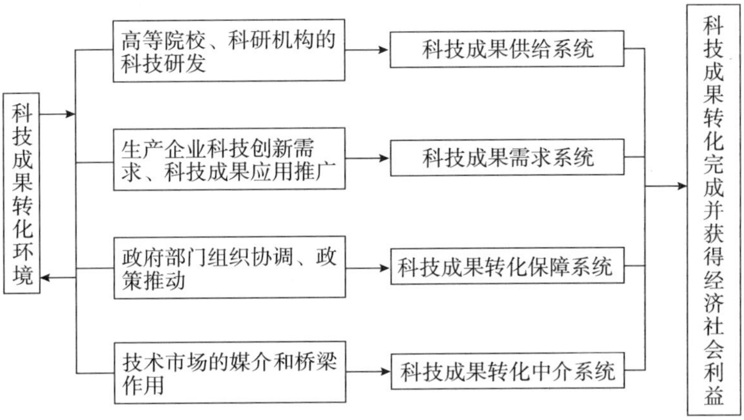

图 2-1　科技成果转化系统结构

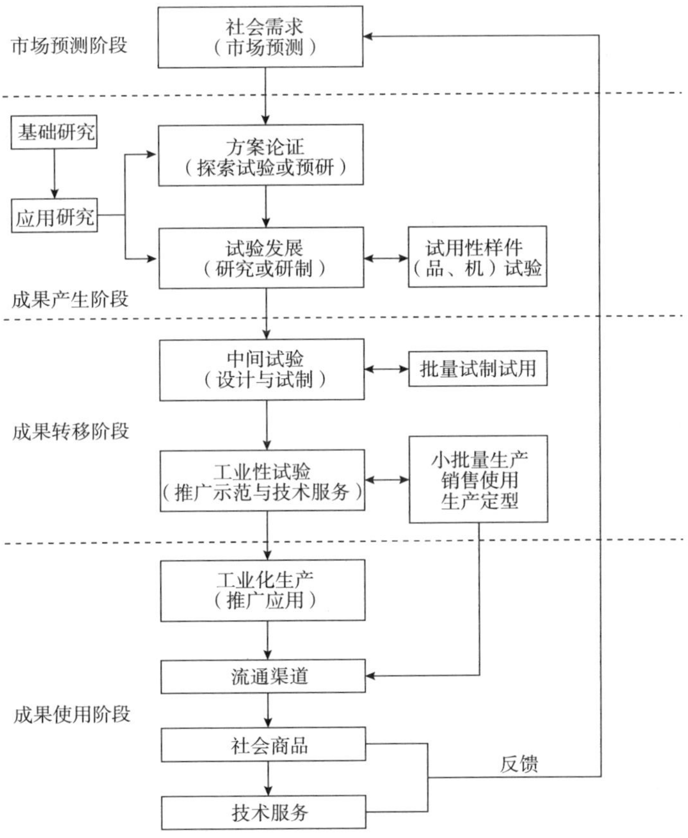

图 2-2　科技成果转化阶段

第二节　理论基础

一、熊彼特创新理论

1912 年，美籍奥地利经济学家约瑟夫·熊彼特（Joseph A. Schumpeter）在其著作《经济发展理论》中首次从经济学角度对创新理论进行了研究。创新是促进经济社会发展、提高社会生产力水平、提高人民生活水平的力量源泉。按照熊彼特的观点，所谓“创新”，就是“建立一种新的生产函数，也就是说，把一种从来没有过的关于生产要素和生产条件‘新组合’引入生产体系”。根据熊彼特的观点，“创新”是促进经济发展的内在动力，创新在经济发展过程中的变动都可能改变经济发展状态。在熊彼特创新理论研究的基础上，创新理论后来出现了两大分支：一是技术创新学派。以曼斯菲尔德（E. Mansfield）、施瓦茨（N. L. Schwartz）等最具有代表性，他们研究了技术创新与模仿、技术创新与推广、技术创新与转移的关系，通过对这些关系的深入研究，产生一些具有代表性的理论。如曼斯菲尔德的技术模仿论、门斯（G. Mensch）的技术创新论、卡米恩（M. L. Kamien）和施瓦茨的市场结构论等。二是制度创新学派。以道格拉斯·诺思（Daoglass C. North）等最具有代表性，他们把制度、技术创新和经济效益三者结合起来进行了关系研究，并指出在经济发展的过程中制度应该如何安排以及制度环境怎样是非常重要的。如诺思的制度创新论、拉坦（V. W. Latan）的诱致性制度变迁理论等。

熊彼特创新理论认为创新是为了把一种新的生产要素和生产条件的“新组合”引入生产体系，企业是引入生产体系的主体，动力是社会存在的潜在利益，与创新过程离不开的是信贷。因此，创新是需要企业家发挥创造力对生产要素和生产条件加以重新调整和改造，这是一个创造性的破坏作用，在这一过程中企业家发挥了不可替代的作用，只有企业家才具有这种能力，实现“新组合”的顺利完成。因此，在现阶段的科技成果转化与产业化过程中一定要重视企业家的作用，加强对企业家精神的引导，使企业家发挥最大的潜力为技术创新做出自己最大的贡献。创新的动力是社会的潜在利益，然而潜在的利益具有一定的隐蔽性和神秘性，因此企业家要想发现这一潜在的利益一定要具备高素质、专业化知识和超强的“嗅觉能力”，“拨云见日”才能发现潜在的利益，在潜在利益的引导下发挥自己最大的实力，实现技术创新、促进科技进步。熊彼特创新理论还提到信贷与创新有密切的联系，信贷可以使企业进入市场进行原始资源的购买，同时可以使企业家聚集闲散资金，实现企业的大发展。因此，在实现科技成果的转化与产业化时要注重信贷的作用，解决科技成果转化与产业化过程中的资金问题。

二、技术经济学理论

20 世纪 50 年代，我国学者首创了技术经济学这门独立的应用经济学科，其理论来源于工科的管理工程与技术分析，并在随后的几十年发展之中，融入了经济效果理论、技术转移理论、技术选择理论、技术扩散理论等现代经济学理论，技术经济学作为一门应用型的经济理论科学逐渐发展壮大起来。20 世纪 90 年代，经济水平的不断提高和“科教兴国战略”的实施为技术经济学科的发展提供了绝佳的机遇，使技术经济学科进入全面发展时期。目前，关于技术经济学的学科定义大致可分为三种观点：一是以重点工科院校为代表的技术创新论；二是以重点、综合大学为代表的经济分析论；三是以专业教育大学为代表的综合论。正是由于研究者所处的视角与所站的位置不同，所以对技术经济学的理论结构也会产生各自相对独立的看法。当下对技术经济学学科最权威的解释是，它是融合了技术和经济两门学科的交叉学科，是在自然科学和社会科学的联盟汇合下形成的边缘学科，它对技术领域的经济问题和经济规律进行了研究，研究技术进步与经济增长的相互关系。综合各类文献参考资料，本书认为，技术经济学是运用经济学的理论和方法，研究技术生成规律性、新旧技术替代过程的规律性、技术进步和创新的规律性以及技术资源配置与经济增长之间关系及其运动规律的科学。技术经济学理论明确指出技术在促进经济增长、技术资源的配置方面是有规律性的，能为科技成果转化与产业化过程遇到的技术问题提供解决的方法，为科技成果转化与产业化过程中的技术探索提供路线指导。

三、产业竞争力理论

产业竞争力的研究兴起于20世纪八九十年代，其出现是为了应对国际市场上带来的竞争压力。通过对相关文献的搜索发现，对产业竞争力的研究是多角度、多层次的，对产业竞争力的阐释出现了国家环境学说、生产力学说、效率学说、要素资源配置学说、区域环境学说五种说法。产业竞争力理论又叫国家竞争优势理论，是由哈佛商学院的著名学者迈克尔·波特教授提出的。波特教授认为，一个国家的竞争力最主要是体现在它的产业和企业竞争力上，好的产业和企业竞争力离不开好的国家环境。中国社会科学院工经所的金碚所长对产业国际竞争力做出了如下定义，在排除国际间贸易壁垒的情况下，一个国家的特定产业相比其他国家具有更高的生产力和市场适应能力。中共浙江省委党校盛世豪教授认为，产业竞争力是一个地区或国家的综合能力，其中包括其产业供给能力、价格优势能力、盈利能力，而这一切能力的比较都必须在一个合理公正的市场环境下。四川师范大学张超副教授认为："产业竞争力是指属于不同国家的同类产业之间效率、生产能力和创新能力的比较，以及在国际间自由贸易条件下各国同类产业最终在产品市场上的竞争能力。"

科技成果转化与产业化的目的实际上就是为了形成一定的产业竞争力，提升科技和经济竞争力。在产业竞争力的引导下，能更顺利地实现科技成果转化与产业化。第一，通过产业竞争力理论可以知道科技成果转化与产业化过程中外部环境对转化和产业化效果有一定的影响。第二，产业竞争力理论为科技成果转化与产业化过程如何获得竞争优势提供理论指导。

四、知识发酵理论

知识发酵则指的是对于知识的消化、吸收过程。天津大学司云波等学者对知识发酵做了定义：知识发酵是指以实现知识有效应用为目的进行的知识传播或演变过程，也可以说是某种创意在知识母体中，得到一定组织、协调后，完成消化、适应、转化、演进和创新环节，最终融合组织的行动知识的过程。运用知识发酵理论可以很好地揭示科技成果转化的内在规律。司云波将科技成果转化的过程进行分解并概括为三个阶段：样品化阶段、产品化阶段、商业化及产业化阶段。样品化阶段是将研究成果实物化得到初步样品的过程。这一阶段科技成果还处在设计图纸或是技术文件说明等知识形态，需要进行小规模模拟实验，这一阶段仍然是在实验室完成，因此一部分学者将这一阶段称为初试阶段。产品化阶段是对样品的进一步完善、调整、匹配，形成能批量生产的产品。这一阶段科技成果才走出实验室，实施转化的企业也开始为新知识的运用做出操作方法、生产流程、管理方法等的改变。相对应于初试阶段，这一阶段也可称为中试阶段。商业化及产业化阶段试验全部完成，生产过程稳定下来，这一阶段主要是经营市场行为。商业化指企业将成熟的产品推向市场，产业化涉及创新扩散的概念，众多企业的进入，形成新厂商群，甚至新产业或新行业。科技成果转化的这三个阶段紧密连接，环环相扣，统一于转化的整体过程之中。样品化阶段初次将新知识实物化，为转化提供了备选的实物对象，是基础环节；产品化阶段作为中间环节，串接起样品化和商品化，它是依据商业化产品的准则对样品和组织进行完善、匹配和改进；商品化及产业化阶段是实现科技成果经济价值、社会价值的阶段，被转化后的科技成果将走向市场，经受消费者的检验，这是前面阶段的目的所在，前面两阶段工作都只是这一阶段的准备工作。

五、创新扩散理论

创新扩散（Innovation Diffusion）在国内学术界一直翻译为技术创新扩散。技术创新扩散理论源自熊彼特的创新理论，其发展历程大体可以分为以下三个阶段：第一，概念阶段，在一些经济理论中隐含了一些技术创新扩散的思想，一些学者开始将其独立出来做概念界定；第二，模型研究阶段，这一阶段主要是对技术创新扩散模型的研究；第三，应用阶段，美国经济学家斯通曼的《技术变革的经济分析》把技术创新扩散带入了一个全新的高度，使得创新扩散理论真正运用到经济建设中。

技术创新扩散的过程是创新经过一段时间，在一定的渠道上，通过某一社会系统的成员传播的过程。一项技术创新成果在技术创新扩散过程中，通过不同的途径，向社会其他领域转移和渗透，同时，它又是一个受社会系统及其环境影响的社会化过程，是实现生产技术进步、推动社会发展的重要手段。创新扩散主要强调的是范围、受众的增加。

根据技术创新扩散的层次可分为以下三类：第一，企业内部的扩散，创新在企业内部应用范围得到扩大，不同部门之间的扩散；第二，企业间的扩散，一项技术创新成果从一个企业向其他企业传播，在产业内得到更多应用；第三，总体扩散，应用水平和应用范围都得到提高。

技术创新扩散获得成功与否，其评判标准如何，通过对国内学者的相关研究的统计，主要有以下指标：有创新扩散的投入、预期收益、该企业对待风险的态度、起初使用新技术所带来的不确定性、调整成本和收益的协方差等。可以看出这些指标都是站在单个企业视角给出的，这一点可以理解为单个企业的经济追求是创新扩散的原动力，产业价值、社会价值是在这些企业对各自价值追求的基础上实现的，两者是内在统一的。

第三节　科技成果转化与技术转移的比较

科技成果转化和技术转移是两个内涵不同的概念。转化是从研究到技术到产品应用的纵向链条，而转移是从技术提供方到接受方的横向链条。技术转移和科技成果转化的最本质区别就在于一个是“移”，一个是“化”。

一、科技成果转化和技术转移的差异

科技成果转化和技术转移是两个方向不同的过程。从研发过程来说，科技成果转化是一个不断深入的过程，可以从最初的理论雏形一直深入到工艺或产品的各个细节、各个侧面。从技术形态上来说，科技成果转化又是一个不断具体化的过程，可以从最初的灵感闪现到形成一个具体的技术或产品。因此科技成果转化是一个沿着时间轴由不同转化阶段构成的纵向序列。技术

转移是技术在不同主体或不同区域的传递或转让，是一个沿着空间轴的由不同主体连接成的横向移动。

科技成果和技术转移对技术形态的影响不同。科技成果转化本质上是对科技成果或技术形态不断改变的过程。科技成果转化是对技术的系统化、专业化和实用化。现代社会无论是产品还是生产工艺都更趋向于复杂化。要把设想转化为产品和实际工艺，需要把方方面面的知识和技术集成起来，形成系统化、封装化和模块化的科技成果，能投入实际应用的科技成果。专业化是要把科技成果转化为具有特定用途的实用技术。实用化是指科技成果转化的过程实际上也是不断地把公共知识转化为专门技术，再把专门技术投入实际生产应用的过程。而技术转移是指技术在不同主体之间的扩散和传递，这个过程本身不一定需要改变技术形态。比如像麦当劳、肯德基的营销服务模式特许经营，每一个连锁店只需复制成熟的营销技术、服务流程、产品配方，在增加连锁店的过程中并没有改变营销技巧。专利产品的生产许可也是一样。当厂家被容许生产某一非排他性的专利产品时，专利所有人把成熟的生产工艺甚至是成熟的生产设备整套的卖给每一个被许可人，并不需要改变其技术形态。科技成果转化本质上是对技术形态的转化，而技术转移是技术所有权或使用权在不同利益主体之间的转移。

科技成果和技术转移所涉及的利益主体的关系不同。技术转移通常是技术在不同利益主体之间的移动，而科技成果转化则通常是在同一利益主体内部变革技术形态的过程。在同一利益主体内部，我们通常不说技术转移，因为技术本来就是利益内部所有成员共享的。但是，技术转化通常是在同一利益内部完成的。比如，一个企业的创新过程，通常包含从最初的概念设计到把概念设计工艺化、产品化的全过程。当然，也可以是把别人的科技成果拿过来针对企业自身的需要转化为实用的专业化技术的过程。从中央政府来说，促进科技成果转化，促进产、学、研结合提高科技成果转化率，正是从宏观层面上把高校、科研院所、企业视为一个国家主权下共兴共荣的利益共同体而采取的促进全民族科技进步的一个举措。而科技成果转化率也恰恰是从微观层面上来看，高校、科研院所、企业是不同的经济利益主体，科技成果转化的纵向链条很容易被不同利益主体之间技术转移的横向鸿沟所割断，因此形成了科技成果转化的障碍。

科技成果转化和技术转移的行为主体和实现机制不同。由于科技成果转化和技术转移过程中利益主体的关系不同，因此这两个过程的实现机制也不同。技术转移主要是在不同的行为主体之间进行，转移的主要是成熟、实用的或者有市场前景的技术。技术转移是技术从一个行为主体的利益范围进入另一个行为主体的利益范围，主要在市场机制下通过契约来完成，契约的形式主要是书面的，但也可能只是口头的。因此，技术有偿转移的过程表现为一个讨价还价的过程，提供方根据技术开发的成本和市场的机会成本来决定最低转让价格，接受方则根据技术转移的成本和应用技术的收益来决定最高转让价格。实际上，不管是有偿的技术转移还是无偿的技术转移，通常都是一种交易，只不过无偿的技术转移伴随的是一种金钱形式之外的利益交换。科技成果转化通常是在同一行为主体的利益范围之内进行，或者是在隶属于同一行为主体不同利益主体的共同利益范围内进行。科技成果转化是对技术不断进行专业化和实用化提升的过程，科技成果转化链条上的各个利益主体通常涉及的是一种利益分配而不是利益交换。企业和政府都可能成为科技成果转化的行为主体。企业的技术创新过程就是从技术起点到终点的转化过程，企业是行为主体。政府是科技成果转化的宏观主体，目的是促进所辖区域所有微观利益主体的共同利益。因此，科技成果转化是通过组织的管理、协调、引导等来实现的。

二、科技成果转化和技术转移相互渗透与包容

科技成果转化和技术转移虽然本质上是完全不同的概念，但是在实践中，两者通常是相互交叉、相互包容的。

科技成果转化通常既是技术转移的过程，又是技术转化的过程。以产学研融合为例，企业需要高校和研究所的技术，需要利用他们的技术为自己带来更高的利润。高校和研究所也希望自己的科研成就能够商业化，增加科研活动的收益。作为利益不同的行为主体，他们的利益诉求都需要通过技术转移才能实现。但是高校和研究所的技术可能是虽有商业前景却不成熟的技术；也可能是虽有商业前景，但是针对企业的生产或工艺必须进行适应性转换。两种情形下，都需要对科技成果进行转化才能投入实际应用，这个转化

过程就是把科技成果转化为现实生产力的过程。但是，无论是高校还是科研院所，他们进行产学研结合的目的都是为了技术转移，而转化只是手段。不对科技成果进行转化，企业就不会接受他们的研究成果，高校和研究所也就不会从中得到经济利益。而企业在产学研结合中所追求的目的也是技术转移，希望把高校和科研院所的技术转移到自己手中，但是企业需要的是成熟的技术、实用的技术、能增加市场份额降低成本带来利润的技术，因此只有高校和研究所把不成熟的技术转化为成熟的技术，把实验室里的技术变成实用的技术，企业才会为技术转移付费。正是企业对货真价实的技术转移的需求，才迫使高校和研究所进行科技成果转化。有时企业在应用研究方面具备一定实力，表现出一定优势，因此科技成果的转化有可能由产学研共同协作完成，甚至主要由企业来完成。这时，技术转移和科技成果转化成为一个相互渗透、相互融合的统一过程。高校、研究所、企业这些行为主体从技术转移的交易角度来看，是利益对立的主体，因此要围绕技术转移和技术交易讨价还价；此外，从通过科技成果转化才能真正完成技术转移的角度来看，这些不同的行为主体又存在共同利益，需要共同配合完成科技成果转化工作，因此能够在共同的利益框架下进行成本和收益的内部分配。

从政府这个宏观行为主体来看，促进科技成果转化的目的就是要把高校和研究所的研发活动转化为实际应用，实验室里的研究成果转化为现实生产力。由于微观行为主体之间的利益冲突，这种科技成果转化过程，不能像计划经济时期一样通过简单的行政命令来完成，而要通过协调不同行为主体的利益关系来完成。一个强大健全的技术市场和高素质的技术中介队伍是政府所需要的。市场机制和技术交易，能调节技术转移的方向，把高校和研究所的研发成果转移到需要的地方。考虑到市场失灵，政府就要通过法律手段来强制技术转移，通过行政手段和经济手段来促进产学研结合，促进技术转移和技术转化的统一和渗透，从而使科技成果转化为现实生产力。因此，在政府的行为中，技术转移是手段不是目的，而科技成果转化才是最终目标。

因此，技术转移和科技成果转化是相互渗透、相互交叉的过程，同时两者也是相互包容的过程。科技成果转化过程中涉及不同行为主体的不同利益，因此需要进行技术转移，但是在这个过程中，技术转移只是手段不是目的。技术转移过程中为了满足技术接受方的应用需要，需要进行科技成果转化，但是同样，科技成果转化只是手段不是目的。图 2–3、图 2–4 形象地展现了科技成果转化和技术转移的这种相互渗透、相互包容的关系。图 2–3 说明，科技成果从大学、研究所走向企业总体上是一个横向的技术转移过程，原始科技成果既可以在不改变技术形态的情况下转移给企业，也可能通过包含一个纵向的科技成果转化，在技术转移过程中改变技术形态。图 2–4 说明，技术从大学、研究所到企业的转移过程本来就是国家科技成果转化体系的一个环节。

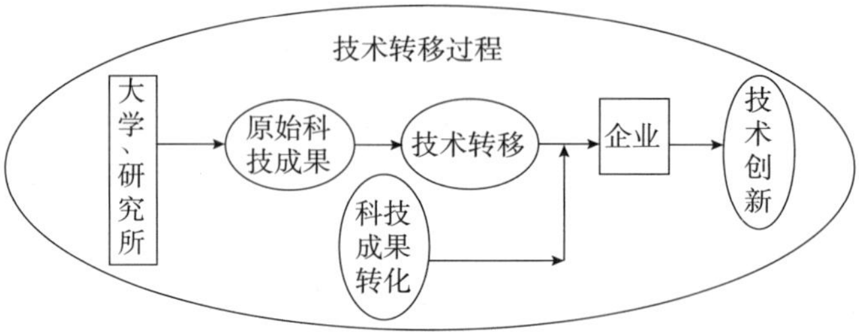

图 2–3　技术转移的横向链条包容科技成果转化

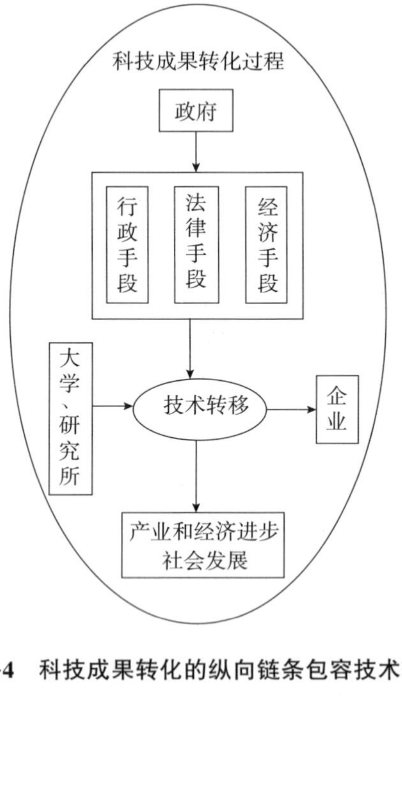

图 2–4　科技成果转化的纵向链条包容技术转移

第三章　国内外科技成果转化的基本经验

当今世界，综合国力竞争激烈。因而，加速科技成果转化成为一股强大的世界潮流，科技成果转化为生产力的周期正在缩短。发达国家的国情不尽相同，在加速科技成果转化方面的具体做法也不一样，国内发达地区在科技成果转化方面也有值得借鉴之处。

第一节　国外科技成果转化的基本经验

一、美国科技成果转化的做法与经验

1. 建立完善的法律法规制度体系

创新精神一直是美国突出的优点，创新精神对美国的科技成果转化体系建立与完善起到重要作用，并且不断得到提高和升华。美国于 1790 年颁布了有关科技成果转化与产业化的第一部专利法，希望通过法律来保障和完善科技成果转化体系。“二战”后美国的经济实力不断增强，国际地位不断提高，政府逐步扩大对 R&D 的经费投入，因此，每年能够产生一大批科技成果，但因种种原因，能得以转化并最终变成生产力带来经济效益的成果却只占 10%左右。联邦政府在对上述情况进行调查之后，发现需要将科技成果进一步转变为现实的生产力关键就是需要一个完善的法律制度作为支撑和保障。自 20 世纪 80 年代起，联邦政府制定了许多保障和完善科技成果转化与

产业化的法律法规和制度。如1980年的《技术创新法》、1982年的《小企业创新开发法》、1986年的《联邦政府技术转移法》、1989年的《国家竞争力技术转让法》、1996年的《国家技术转移与升级法》、2000年的《技术转移商业法案》。其中最为著名的有《拜杜法案》《史蒂文森—威德勒技术创新法》，这两个法案的颁布标志着美国从零散的技术转移行为上升到了科技成果转化的国家意志。上述法律的制定进一步保障了美国科技成果顺利转化为现实生产力，迅速推动了科技进步，促进了经济快速发展。

2. 实施多样的科技经济合作计划

为进一步推动科学技术转移，美国制订了一系列科技与经济结合和产学研结合计划。其中科技与经济结合计划包括"小企业创新研究项目SBIR""小企业创新研究中心""小企业技术转移计划""制造技术推广伙伴计划"等。小型企业的技术转移状况引起了政府的高度关注，并且也得到了大力支持和推进，联邦政府和州政府提供了大量的资金。在各类小型企业的创新初期和整个创新过程中都给予了许多帮助，比如提供最初的融资渠道、解决创新过程中的突发状况，以此来扩大科技成果转化与产业化的规模。20世纪70年代，美国为将基础研究与应用研究同国家未来的发展紧密结合，制订了ATP计划。2007年美国推动一项新的资助计划TIP，TIP计划是通过资助高风险、高收益项目来解决美国关键需求领域面临的挑战。

3. 搭建先进的成果转化服务与中介机构

美国发达的科技成果转化服务机构为科技成果的转移提供了良好的保障，其中国家技术转让中心（NTTC）和联邦实验室技术转移联合体（FLC）将联邦政府资助的研究项目推向工业界，顺利实现转化和产业化。为了顺利推动科技成果转化与产业化，美国建立了隶属于美国商务部小企业管理局的小企业发展中心（Small Business Innovation Research）、中小企业信息中心以及多建在大学的生产力促进中心等科技中介服务机构。政府和各方高度重视和支持小企业发展中心，明确定位它为非营利性机构，联邦政府和州政府提供运行经费。同时，美国还成立了许多咨询公司、联络办事处、大学专利公司、综合服务机构等，这些机构的成立，不但可以为科技成果寻找合适的市场，而且对于加强企业与科研机构的联系，使科技成果满足企业需求，同时让科研人员帮助企业在遇到问题的时候得以顺利解决起到了重要作用。

二、日本科技成果转化的做法与经验

在短短的几十年内日本一跃而起成为世界第二大经济科技强国，追本溯源就在于其科技的竞争力大大提高。日本作为技术创新的成功典范，有着鲜明的特色。日本科技成果转化与产业化成功的原因可以归纳为四个字“随机应变”，日本科技成果转化与产业化的计划、激励政策、技术创新战略等都是针对国内当下的具体情况和问题采取的具体措施，因此，很大程度上改变了科技计划、激励政策以及技术创新战略因为跟不上社会发展步伐而断送的尴尬。

1. 推动产、官、学一体化

日本通过改革研究开发体制及研究开发战略来实现科技成果转化。日本的科技成果转化模式，以一句话概括，即产、官、学一体化。日本历届政府在战后大体上贯彻了这样的方针，日本作为战败国，头等重要的任务是在战争的废墟上求生存，集中精力在民用技术领域上取得突破，并使价廉物美的商品打入国际市场。根据这一方针，日本很快建立起以企业为主体，产、官、学三位一体化的引进技术体系。由通产省牵头召开各种专家的研讨会，综合各方面的意见，探讨哪些新技术是目前企业最先应该发展的，然后部署各个阶段引进技术的重点和步骤。日本通过引进先进的技术，在各个部门进行消化吸收，然后在该项技术的基础上加以革新和提高，在这个过程中，高校起着至关重要的作用，高校利用本身具有的人才和科技优势，进行多种创新，使该技术能够超越原有的技术，并且能够直接为企业所用。

2. 建立一支庞大的科技成果转化队伍

根据日本学者角南笃的资料，2007 年，日本从事基础研究人员的比例为 13. 8%，应用研究人员的比例为 23. 2%，试验研究人员的比例为 63%。日本科研人员大部分集中在企业，其次是大学。1996 年为了加速科技成果转化与产业化的步伐，日本政府把科学技术信息中心和新技术事业团进行了合并，合并后的两个机构组建成为日本科学技术振兴机构。这一机构在广泛运用网络等渠道的基础上，按时发布每年技术委托开发的项目。有需要接受类似委托的团体以及各类企业，均可以从网络上报名申请项目。每年有上百种十分重要的科研成果通过这一机构转化为产品，变为现实生产力，推动了经济发展和进步。

3. 充分发挥政府职能

通常情况下，日本政府都会对引进的技术和专利进行严格的把关，避免重复引进，同时也规定引进的科学技术不能够影响国际开支，阻碍日本本国的自主创新步伐和进程。日本文部科学省、经济产业省、总务省、农林水产省和厚生劳动省等都设有促进科研成果转化和产业化的部门或独立行政法人。日本还有“促进专利转化中心”“工业所有权综合信息馆”“产业技术综合研究所”“大学专利技术转让促进中心”等与政府有关的机构，大力推动科技成果的转化和产业化。

三、欧盟的科技成果转化模式

欧洲是现代科学技术的故乡，但是，在应用科技发明方面却落后于美国和日本。导致这一局面的主要原因：一是欧洲科学家重视基础研究轻视应用研究；二是欧洲的科研与生产严重脱节。这一点和中国目前存在的一些问题有点类似，值得中国高校探讨其原因。近年来，欧盟各国均效仿日本和美国的做法，强调基础研究和应用研究并重的方针，特别强调要加速科技成果的转化。

为了医治科研与生产严重脱节的“顽疾”，欧盟普遍建立起科研成果推广中心。这类推广中心在科研部门和生产部门之间牵桥搭线，其主要方式有两种：一是定期举行科技成果交易会，让供求双方直接见面洽谈并签订合同；二是推广中心日常为供求双方提供专项服务，如推广中心接受企业委托，替企业物色理想的科研部门攻关。

出台了科技人员“休假创业法”，要求国家科研部门，当然包括各高校在财力和人力上支持本部门的科研人员兴办企业。法国原子能委员会规定：凡决定兴办企业的研究人员，可得到20万~100万法郎的无息贷款（偿还期为15~20年），可享受三个月带薪假期或一年的工资奖励，如果创业失败，还可以回原单位工作。

德国通过建立“科研创新体系”来实现科技成果转化。“科研创新体系”概念不仅包括科研开发工作，而且包括科研成果转化为市场产品的增值过程、科技成果及科技知识的传播和人才资源的教育培训。这个体系的最大特色就是政府、企业和个人的统一；科研人员出成果，企业出资本，国家出政策，并且负责在企业界和科技界之间进行沟通。英国模式与德国模式有些类似，主要是通过加强高校与企业界的合作，填补高校与产业界的鸿沟来推动科技成果转化。法国通过改革法律、机制、税收来鼓励、推动科技成果转化。

四、韩国科技成果转化的做法与经验

作为一个后发的新兴工业国家，韩国曾是一个典型的“拿来主义”者，其转化应用的技术基础主要是通过引进外国技术并加以消化吸收形成的。经过多年发展，韩国已经从模仿创新阶段逐渐迈入了自主创新阶段，初步形成了以企业为主体，国家给予政策支持的成果转化体系。韩国有关科技成果转化的支持政策主要有税收优惠、政策性贷款优惠、成果信息发布平台、奖励支持等。

税收优惠主要包括：新技术推广所需资产投资税金减免和折旧制度、新技术开发产品特别消费税制度、技术转让法人税减免制度等。政策性贷款以低息向企业成果转化项目提供资金支持，目前为企业成果转化提供资助的政府性基金主要包括产业基础基金、中小企业创业基金等。韩国政府鼓励外资进入科技成果转化领域。政府宣布，扩大享受减免税待遇的投资主体的范围，规定投资于电子商务、32 位以上计算机开发、新型材料、半导体、先进医药、精细化工等研发成果应用的知识密集型和高附加值产业的外国投资者也享受韩国政府的减免税待遇，即在这些领域投资的 7 年内免除法人所得税，之后 3 年还将减免 50%；同时还可以获得减少 50%～100%地方税的待遇。高新技术领域外商投资的增加，不仅弥补了韩国产业发展资金的不足，还促进了本国科技成果转化。

韩国最主要的成果信息发布平台是韩国研究开发信息中心。研究开发信息中心作为国家科技信息中心，在建立科技信息的流通服务和综合管理系统、各领域专业信息中心的综合调整和技术支援、国内外科技信息的综合服务等方面发挥着积极作用。目前，该中心负担着超高速国家信息通信网项目的建设，计划建立世界水平的科技信息数据库和信息流通体制，以便向企业提供国内外最新科技成果、各产业技术发展状况和产业的技术需求。政府还建有科技成果商品化事业团、技术洽谈中心及新成果实用化支援机构，协助企业实现新技术成果商品化。此外，韩国还设立了优秀产品奖、新技术产品奖等鼓励在成果转化方面做出突出贡献的科技人员。

扶持和发展风险投资公司。截至 2015 年，韩国共有创业投资公司 87 个，总资产 10000 多亿韩元，有创业投资组合 103 个，资产 9000 多亿韩元。各种风险投资机构共给 6100 多个企业投资 13000 多亿韩元，融资将近 40000 亿韩元，租赁 590 多亿韩元，成功率约 40%。

第二节　国内科技成果转化的做法与经验

一、北京科技成果转化的做法

1. 建立完善的保障政策体系

为了不断完善科技成果转化与产业化的保障体系，保证科技成果转化与产业化的顺利实现，北京在政策、体制、机制上都给予了科技成果转化相当大的支持。为进一步促进科技成果转化成现实生产力，北京市政府制定和发布了 40 多条政策、法规制度及管理办法。在政府部门的带领和政策扶持之下，各县区不但开始积极制定扶持支持政策，而且进一步要求有关部门加大科技投入、设立科技技术创新的资金来保障科技成果的转化与产业化。北京市政府要求各县区发挥担保机构以及风险投资机构的重要作用，加强力度支持高新技术的成果转化与产学研联合的项目实施。北京市政府还批准成立了北京市新技术产业开发试验区管理委员会，对于高新技术产业的发展进行统一的管理和调配。

2. 健全中介服务体系

北京市政府通过税收优惠政策对技术转让给予了很大的鼓励，科学技术市场逐渐发展成为科技成果转化与扩散的渠道与模式。2015 年，北京市技术市场的合同成交额占全国技术合同成交额的 35.1%以上，交易额达到 3452.6 亿元。北京市经由科学技术系统和中关村园区为主要阵地的科技中介服务体系已经有十分显著的规模，其中，科技成果评估机构、科技企业孵化器、新技术推广机构、生产力促进中心以及科技咨询机构等更是成为北京发展高新技术产业和成果转化中不可或缺的坚实力量。

二、上海科技成果转化与产业化的做法

1. 财政扶持政策

为支持各类企业实施成果转化，促进其做大做强，上海市出台了一系列科技成果转化政策，主要从财政专项资金和贷款贴息两个方面对经认定的高新科技转化项目给予支持。

财政专项资金的扶持力度根据项目的转化绩效和技术创新水平而定，项目转化得越好、创新性越强、技术水平越高，可获得的扶持资金越多，扶持的期限也越长，因而具有比较强的激励作用，比一般的通过科技计划立项核定项目经费的方式更科学、更合理，政策落实的成本也更低，政策效应更高，也可一定程度上防止政策执行中的“寻租”行为发生。

贷款贴息属于后补助性质。企业根据其制订的转化计划，向商业银行贷款，并用于转化项目，在还贷以后，可向财政部门申请贴息。贴息额与贴息率有关，也与贷款额有关，而贴息率根据转化项目的技术创新性核定，如果创新性达不到规定的要求，则享受不到贴息。因此，贷款贴息也有一定的激励作用，可以鼓励企业转化创新性强、技术水平高的项目。

2. 融资扶持政策

资金缺乏是许多转化项目的“瓶颈”。由于科技成果转化的风险高，尽管创业投资能够承担一定的投资风险，但创业投资对投资转化项目持比较慎重的态度。上海市政府从两个方面激励创业投资投向科技成果转化项目：一是对主要投资于成果转化项目的创业投资公司、投资管理公司给予财政专项资金扶持；二是设立创业投资风险补偿金，对因投资科技成果转化项目而发生的投资损失给予一定比例的救助。这有助于创业投资机构投向具有一定风

险的科技成果转化项目。另外，对企业和科技人员投资科技成果转化项目也给予财政专项资金扶持，以激励社会资金投向科技成果转化项目。

为解决科技成果转化项目贷款难的问题，上海市规定，财政部门委托中国经济技术投资担保公司上海分公司为实施科技成果转化项目的企业提供商业银行贷款担保，此举具有较强的政策扶持性质：一是提供担保的限制性条件比商业性担保低得多；二是担保费率比较低，不到商业性担保的一半，有些区县财政还免担保费；三是贷款在200万元以下的还可以免反担保。这种担保可以在一定程度上帮助企业获得商业银行的贷款支持，缓解融资难矛盾。

3. 人才激励政策

人才是科技成果转化的关键。为促进企业实现科技成果转化，上海市从人才激励、人才流动、人才评价和人才开发四个方面出台政策支持企业引进人才、培养人才和稳定人才。

一是明确职务成果完成人及对成果转化有贡献的员工可以分享成果转化的收益，如单位按职务成果进行转化，可根据不同的转化方式，约定成果完成人应当获得的股权、收益或奖励。经认定的国有独资高新技术企业在实施公司制改制时，可将前三年国有净资产增值中（不包括房地产增值部分）不高于35%的部分作为股份，奖励有贡献的员工特别是科技人员和经营管理人员。科技成果转化的未来收益具有较大的不确定性，收益的大小与科技人员的主观努力密切相关，科技人员如果能够预见到，其收益与其努力挂钩的话，就会非常投入地参与到科技成果转化中去，成果转化的收益就会显著提高。

二是企业从外省市引进大学本科以上且上海紧缺、急需的优秀人才，可以办理户籍迁移或破格办理引进人才居住证；获得“上海市高新技术成果转化项目”认定的企业引进海外留学生、聘用外籍专家的，留学生工薪收入的个人所得税可享受加计扣除，外籍专家的工薪可列支成本，这为民营企业引进优秀的海外人才提供了平等的机会。

三是针对从事科技成果转化的科技人员职称评审问题，科技成果转化政策设立了专门负责高新技术成果转化类高级专业技术职务任职资格评审委员会，对成果转化业绩突出的可以破格评审。许多从事科技成果转化的科技人员，特别是民营企业的科技人员，获得中高级专业技术职称。

四是上海市设立了上海人才发展资金，对优秀的成果转化人才予以资助。鼓励企业设立技术主管、信息主管岗位，促进企业完善技术管理。

三、天津科技成果转化与产业化的做法

1. 完善政策体系

给予企业税后利润投资成果转化项目支持。天津市规定，在天津市注册并缴纳所得税的企业，企业税后利润投资于经认定的高新技术成果转化项目，形成或增加企业的资本金，且投资合同期超过 5 年的，与该投资额对应的已征企业所得税地方收入部分，从专项资金中给予适当扶持。鼓励高校、科研院所合作办企业。自认定之日起，3 年内新增的企业所得税、增值税地方留成部分按照 50%的比例给予财政资金奖励，专项用于企业研发投入。对遴选出的科技小巨人领军企业，每家给予 100 万元资金奖励，专项用于企业研发投入，并允许以股权形式奖励企业研发团队和人员。鼓励企业和研究开发机构聘用外籍专家，其薪金可列入成本。

2. 风险投资机构投资成果转化项目可享受补贴

天津市规定，天津市注册的创业投资机构，其投资于经认定的高新技术成果转化项目、高新技术企业或政府支持的科技计划及产业化项目的资金，累计超过其对外投资总额 70%的，自获利年度起 3 年内，返还企业所得税地方分成部分。

3. 规范产、学、研结合环境

天津市与中科院开展全面合作，成立了院市合作地领导办公室，并积极组织开展了一系列推动计划项目合作的活动。为发挥引进科技项目的示范与带动作用，天津市和中科院联合开展导师培训活动，对科技型中小企业的高层人员进行了系统的知识技能及管理知识的培训，多方面资助提高企业创新能力。

4. 搭建多层级的成果转化平台

天津市高新技术成果转化中心是全国范围内早期成立的一个新型促进科技成果转化的服务机构。其搭建了一批高端科技成果转化的平台和科技成果

转化的融资服务平台。在此基础上，打造了天津市科技成果转化服务平台，建成天津市高新技术成果转化中心等成果转化服务平台，已经为1000多个科研项目转化和产业化提供了服务。成果转化中心作为一个综合配套并且功能相当齐全的科技创新服务平台，发挥着综合服务的功能，促进了科技成果的转化，帮助扶持了一批科技型中小企业的迅速发展。

四、山西省促进科技成果转化的主要做法

近年来，山西省出台了大量政策，加大了对科技成果转化的支持力度，产生了显著的经济社会效益，对山西省经济的企稳回升发挥了重要作用。

2016年，山西省连续出台了《山西科技创新城高端人才支持暂行办法》《山西科技创新城平台管理暂行办法》《山西科技创新城促进科技成果转化暂行办法》《山西科技创新城首台（套）重大技术装备认定和扶持暂行办法》四个暂行文件，设立科技成果转化引导资金，用于支持科技成果推广，知识产权创造、运用、保护，以及知识产权融资风险补偿等方面。省财政先期安排引导资金2000万元。文件规定，对企业申报并获得发明专利等知识产权的给予经费补助：对取得国家发明专利的，给予每件0.5万~5万元的补助；对取得美国、欧盟、日本和俄罗斯等国家和地区发明专利的，给予每件1万~10万元补助；对受让美国、欧盟、日本和俄罗斯等国家和地区以及国内发明专利的，给予购买专利总经费20%的补助；对许可使用国内外发明专利的，给予许可总经费15%的补助。文件表示鼓励金融机构开展知识产权质押贷款业务，省内担保公司因担保遭受损失的，对最终损失的30%给予补偿，单个机构每年补偿额不超过500万元。

2017年11月，山西省进一步出台了《山西省支持科技创新的若干政策》（以下简称《政策》），对促进科技成果转化提出了一系列更新、更有力的举措：

一是鼓励产学研融合。《政策》规定，对通过山西科技成果转化和知识产权交易管理服务平台交易科技成果并在省内转化的省内企业、高校、科研院所，按其技术合同成交并实际到账额（以转账凭证为依据），给予技术输出方5%的补助，单个科技成果最高补助100万元。对省内企业购

买省外先进技术成果并在省内转化、产业化的，按其技术合同成交并实际支付额（以转账凭证为依据），给予5%的补助，单个科技成果最高补助100万元。对高校、科研院所与企业联合设立的股份制科技型企业，高校、科研院所以技术入股且股权占比不低于30%的，按该企业科技研发、成果转化和企业产品（技术）销量（营业额）增长等绩效情况，一次性最高奖励50万元。

二是鼓励科技成果转化中介服务机构发展。《政策》规定，科技成果转化中介服务机构为高校、科研院所争取到企业横向科研经费的，按科研经费的5%奖励中介服务机构；将高校、科研院所科技成果交易给企业的，按交易额的5%奖励中介服务机构；促成双方联合转化的，奖励中介服务机构5万元，重大转化项目可适当增加奖励，最高奖励10万元。高校、科研院所可根据事先约定，从转化收益中拿出部分收益奖励中介服务机构。

三是鼓励新技术产业发展。《政策》规定，对首次通过或连续3次通过高新技术企业认定的企业，根据认定指标得分情况一次性最高奖励20万元。资金用于奖励研发团队。对新获批的国家级高新技术产业开发区、大学科技园，一次性奖励300万元；对新获批的省级高新技术产业开发区，一次性奖励100万元。

四是鼓励科技人才团队将科技成果产业化。《政策》规定，每年审核选择一批具有自主知识产权科技成果、在山西省设立或与省内企业共同设立公司、开展科技成果转化活动的科技团队，使用山西省科技成果转化引导基金或其他政府引导基金，进行直接股权投资。科技团队可自主选择申请债权投资还是股权投资。对符合条件的省属高校和省级科研院所组织、达到融资条件的生产经营经济实体进行科技项目融资贴息试点。试点单位按期归还融资，经省科技厅验收合格后，将其科技项目纳入下年度科技成果转化项目给予后补助奖励扶持。奖励额不高于项目融资的50%，最高奖励500万元。

第四章　内蒙古科技成果转化的现状和特点

近年来，内蒙古科技工作紧密围绕全区经济社会发展，以提升科技创新能力为核心，科学谋划创新顶层设计，深入推动体制改革，大力营造创新环境，一大批科技创新成果先后涌现，得到应用和推广，为支撑经济社会发展做出了新的贡献。

第一节　内蒙古科技成果概述

近年来，在内蒙古深入实施科技兴区和人才强区战略思路指导下，2015年末内蒙古科技成果登记总量较2010年增幅近200%，如图4-1所示，2015年科技成果登记数为418项，比2010年增加了74项，提高了21.5%，整体科技实力明显提升。需要指出的是，科技成果并不仅仅包括在科技主管部门进行登记的成果，企业在生产实践中产生的大量具体成果由于种种原因并没有进行登记。限于资料的可得性，本书只能用前者作为代表进行分析。具体来看，内蒙古科技成果有以下基本特点：

一、企业成为科技研发的主力军

如图4-2所示，2011~2015年，全区科技成果登记数共2434项，其中独立科研机构192项，占成果总数的7.9%；大专院校454项，占成果总数

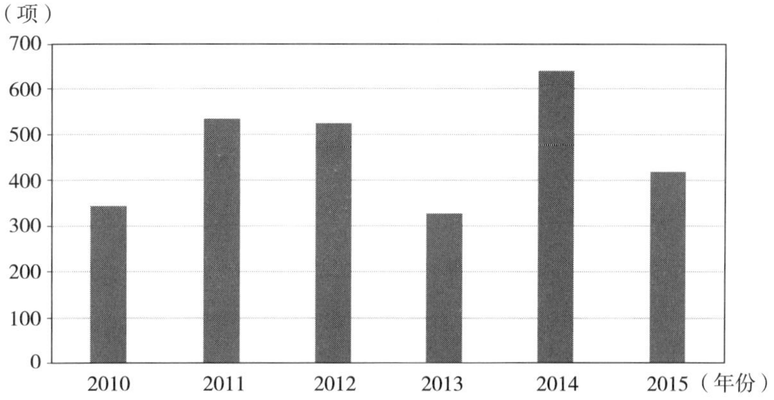

图 4-1 2011~2015 年内蒙古科技成果登记数

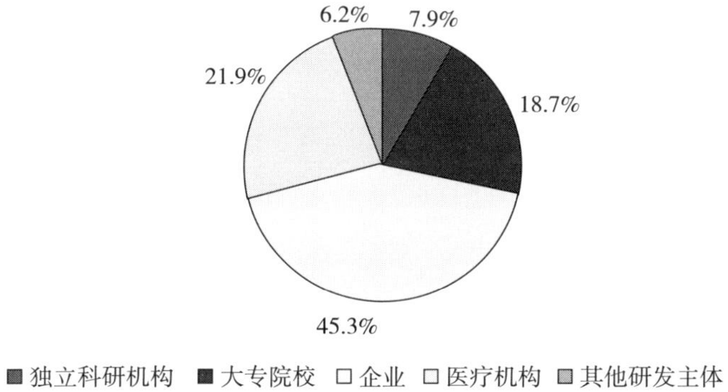

图 4-2 2011~2015 年内蒙古科技成果完成单位构成

的 18. 7%；企业 1106 项，占成果总数的 45. 3%；医疗机构 532 项，占成果总数的 21. 9%；其他研发主体 150 项，占成果总数的 6. 2%。

二、应用技术类成为科技成果的主体

在 2011~2015 年登记的 2434 项科技成果中，以应用技术类成果为主，达到了 2033 项，占成果总数的 83. 5%。基础理论成果 387 项，软科学 14 项，分别占成果总数的 15. 9%和 0. 6%。应用技术类成果所占比重逐年增加，已成为科技成果中的主流。从应用的行业看，农、林、牧、渔业占 21. 0%；

采矿业占 6. 0%；制造业占 19. 6%；电力、煤气及水的生产和供应占 10. 8%；建筑业占 3. 4%；交通运输、仓储及邮电政业占 6. 0%；信息传输、计算机服务和软件业占 0. 9%；科学研究和技术服务业占 2. 6%；水利、环境和公共设施管理业占 3. 4%；教育占 0. 3%；卫生和社会工作业占 26. 0%。

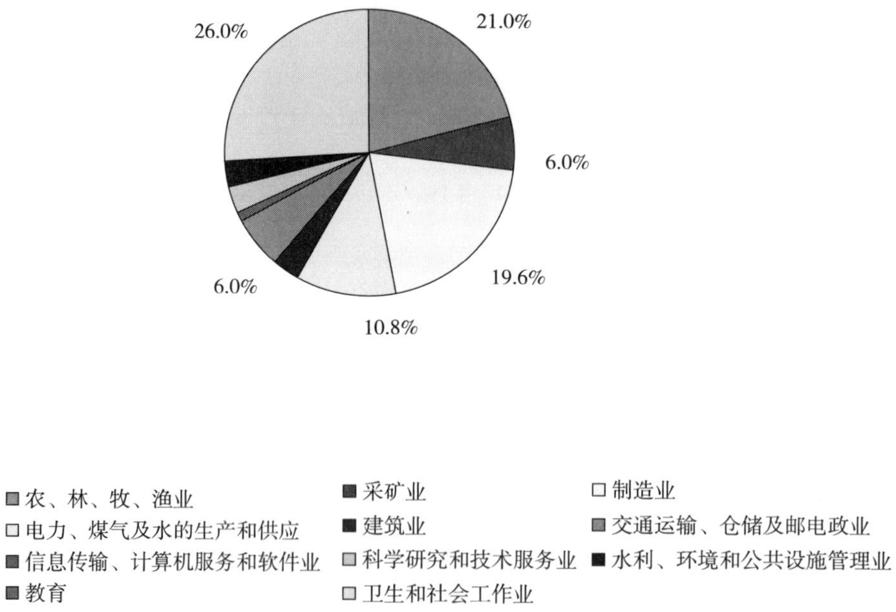

图 4-3 应用技术类科技成果占比

三、原始创新能力不断提高

2015 年属于原始性创新的占应用技术成果总数的 65. 3%，比 2011 年提高了约 10 个百分点；属于国外引进、消化、吸收创新的占应用技术成果总数的 6%，比 2011 年下降了约 1. 5 个百分点；属于国内技术二次开发的占应用技术成果总数的 28. 4%，比 2011 年下降了 3. 1 个百分点。

四、科技成果质量水平不断提升

2015年达到国际领先水平的占应用技术成果总数的6.3%，比2012年增加了1个百分点；达到国际先进水平的占应用技术成果总数的10.5%，比2012年增加了5个百分点；达到国内领先水平的有126项，占应用技术成果总数的35.8%；达到国内先进水平的有111项，占应用技术成果总数的31.5%；国内一般水平的科技成果5项，占应用技术成果总数的1.4%；未评价的51项，占应用技术成果总数的1.7%。

五、处于成熟阶段和产业化的科技成果占有较高比例

“十二五”期间，在应用技术成果中，处于成熟应用阶段的比例高达78.7%，处于初期阶段和中期阶段的比重均为10.0%左右。而产业化应用科技成果占应用类科技成果总数的一半以上，小批量或小范围占应用类科技成果总数的52.6%，试应用科技成果占应用类科技成果总数的9.3%，未应用的科技成果占应用技术成果总数的7.4%。

六、技术成果在多个行业领域得到推广应用

应用于农、林、牧、渔业的占应用技术成果总数的21.0%；应用于采矿业的占应用技术成果总数的6.0%；应用于制造业的占应用技术成果总数的19.6%；应用于电力、煤气及水的生产和供应的占应用技术成果总数的10.8%；应用于建筑业的占应用技术成果总数的3.4%；应用于交通运输、仓储及邮电政业的占应用技术成果总数的6.0%；应用于信息传输、计算机服务和软件业的占应用技术成果总数的0.9%；应用于科学研究和技术服务业的占应用技术成果总数的2.6%；应用于水利、环境和公共设施管理业的占应用技术成果总数的3.4%；应用于教育的占应用技术成果总数的0.3%；应用于卫生和社会工作业的占应用技术成果总数的26.0%。

七、课题来源多元，自选项目占比最高

“十二五”期间，登记的科技成果的来源有国家计划、部门计划、地方计划、部门基金、国际合作、地方基金、横向委托、自选项目等，课题来源多元，涵盖国际国内、中央地方、企业个人等多方参与研究。如图 4-4 所示，其中，国家计划 215 项，占成果计划总数的 9.2%（其中，科技重大专项 10 项，占国家计划成果总数的 4.7%；自然科学基金 85 项，占国家计划成果总数的 39.5%；科技支撑计划 59 项，占国家计划成果总数的 27.4%），部门计划 201 项，占成果计划总数的 8.6%；地方计划 381 项，占成果计划总数的 16.3%；部门基金 58 项，占成果计划总数的 2.5%；地方基金 320 项，占成果计划总数的 13.7%；民间基金 7 项，占成果计划总数的 0.3%；国际合作 6 项，占成果计划总数的 0.2%；横向委托 24 项，占成果计划总数的 1.0%；自选项目 943 项，占成果计划总数的 40.3%；其他 186 项，占成果计划总数的 7.9%。

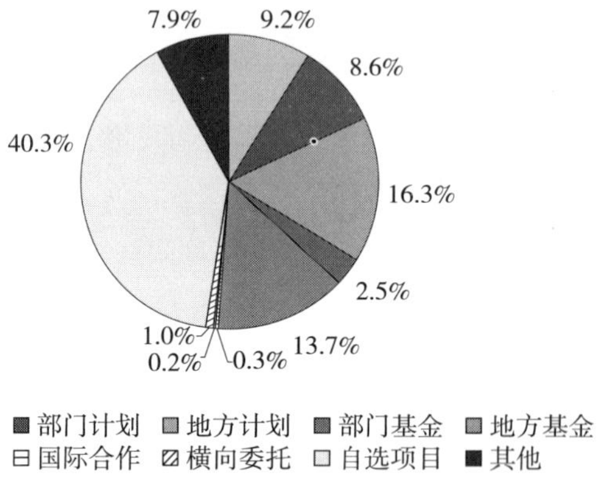

图 4-4　课题来源及占比

八、地方投入和自有资金投入构成课题资金来源的主体

如图 4-5 所示，在登记的 2434 项科技成果中，经费实际投入额为 4640. 2411 亿元，其中：国家投入 102. 1861 亿元，占成果总投入额的 2. 2%；部门投入 795. 9767 亿元，占成果总投入额的 17. 2%；地方投入 1556. 8707 亿元，占成果总投入额的 33. 6%；基金投入 58. 9470 亿元，占成果总投入额的 1. 2%；自有资金 1797. 8652 亿元，占成果总投入额的 38. 7%；银行贷款 59. 2516 亿元，占成果总投入额的 1. 3%；其他 269. 1438 亿元，占成果总投入额的 5. 8%。

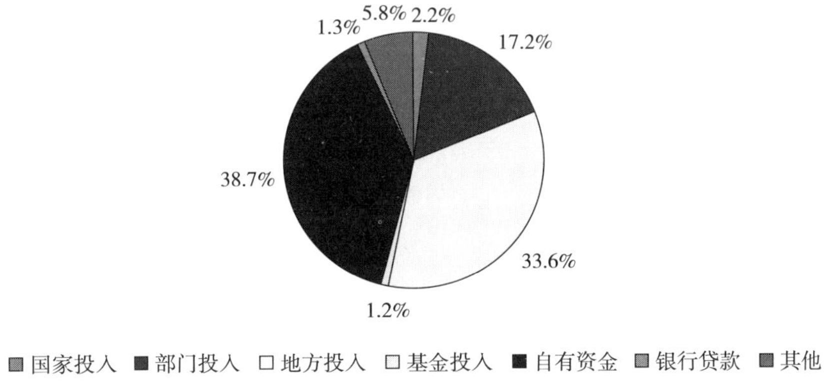

图 4-5　课题资金来源

九、成果完成人员以本科学历最多，其次为硕士研究生

如图 4-6 所示，成果完成人员总数为 22218 人，博士研究生 2644 名，占完成人总人数的 11. 9%；硕士研究生 6345 名，占完成人总人数的 28. 6%；大学本科生 11042 名，占完成人总人数的 49. 9%；大学专科生 1631 名，占完成人总人数的 7. 4%；中专生 336 名，占完成人总人数的 1. 5%；其他学历 151 名，占完成人总人数的 0. 7%。

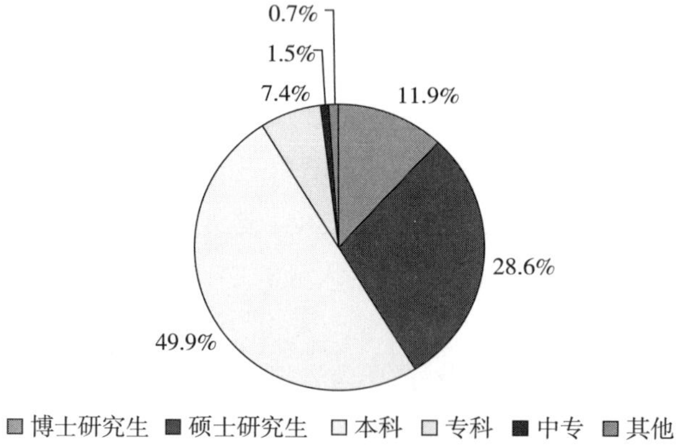

图 4-6　成果完成人员学历占比

十、36~55 岁的成果完成人员在各年龄组中占比最高

如图 4-7 所示，35 岁以下的（含 35 岁）有 5967 名，占完成人总人数的 26. 3%；36~45 岁的有 7234 名，占完成人总人数的 31. 9%；46~55 岁的有 7440 名，占完成人总人数的 32. 8%；56~65 岁的有 1655 名，占完成人总人数的 7. 3%；65 岁以上的有 376 名，占完成人总人数的 1. 7%。

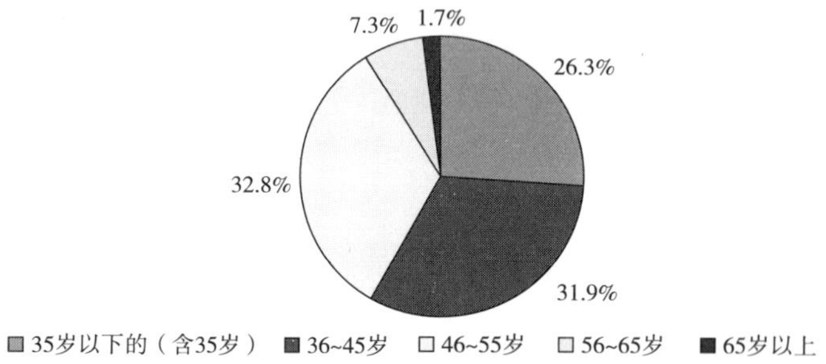

图 4-7　成果完成人员年龄

十一、中级以上职称科技人员是成果完成的主体

如图 4-8 所示，院士 19 名，占完成人总人数的 0. 08%；正高级职称的

有 4943 名，占完成人总人数的 21.98%；副高级职称的有 6242 名，占完成人总人数的 27.76%；中级职称的有 7308 名，占完成人总人数的 32.50%；初级职称的有 2673 名，占完成人总人数的 11.89%；其他职称的有 1302 名，占完成人总人数的 5.79%。

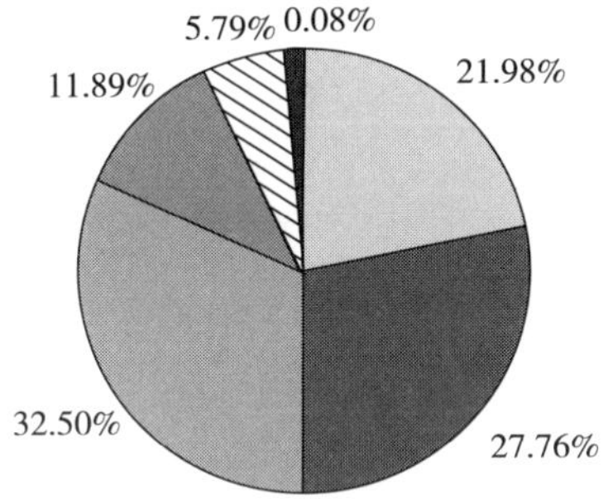

图 4-8　成果完成人技术等级

第二节　科技成果转化的成效

内蒙古科技成果转化的体系不断完善，除政府或科研院所科技计划重点推进的个别直接转化项目外，基本形成了以企业为主体、市场为导向、产学研相结合以及技术市场交易和内蒙古科技成果转化网等为辅助的科技成果转化体系。

“十二五”以来，内蒙古坚持把科技创新作为结构调整和发展方式转变的先手棋，科技创新和成果转化工作取得积极进展。科技成果带来了可观的经济效益。如图 4-9 所示，2015 年全区登记应用技术类成果净利润 3879539 万元。实交税金 853741 万元，出口创汇 22975 万元，节约资金 2407330 万元。

案例一：包头市稀宝博为医疗系统有限公司自主研发具有完全知识产权的首台高性能 0.45T（特斯拉）稀土永磁磁共振系统顺利调试完成。这标志着全球规模最大的一体化永磁磁共振生产基地正式建成下线。稀宝博为医疗系统有限公司利用独创的动态平衡

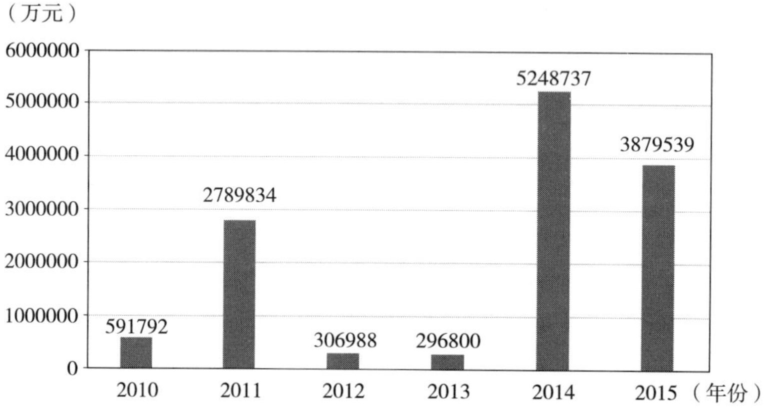

图 4-9 “十二五”期间内蒙古应用技术类成果利润

技术解决了困扰多年的涡流、剩磁和磁场均匀等行业性、世界性难题，使系统的常规临床诊断图像达到了超导系统的水平，而其价格仅为超导系统的 1/3。

案例二：中国航天科工集团公司第六研究院承担的“年产 5 吨 F-12 高强有机纤维产业化项目”完成了高强有机纤维用第三单体的结构设计与合成、聚合物结构的设计与合成、高强有机纤维纺丝及后处理设备设计与制造，纤维强度稳定地达到 4.6GPa 以上，成为国内第一家拥有 F-12 高强有机纤维整套自主知识产权的科研机构。

案例三：以生物质气化为基础的多联产产业化示范工程项目，完成了生物燃气及燃料乙醇两条生产线的试生产。2011 年，内蒙古中兴能源有限公司年产 3 万吨甜高粱茎秆生产燃料乙醇集成示范项目正式开车投产，首批 5000 吨燃料乙醇达到项目设计的各项生产技术指标和各项经济技术指标。

案例四：建立了 15 类作物优化栽培决策系统与生长发育动态模型和 138 个知识、数据库，集中连片 11550 亩玉米高产示范田，实测平均产量为 1002.1 公斤/亩。育成的 5 个玉米新品种在内蒙古自治区种植面积达 600 万亩以上，育成的大豆系列品种，在内蒙古种植面积超过 500 万亩，育成的春小麦新品种种植面积超过 400 万亩。

案例五：以内蒙古丰富的风化煤、褐煤为原料，精制提取出高活性黄腐酸，能使大田农作物增产 10%~20%，果蔬作物增产 15%~30%。动物营养素降低牛奶中体细胞的数量 10%~30%、提高奶牛产奶量 10%~20%；提高蛋鸡产蛋率 5%~10%，提高蛋料率 8%~15%；提高仔猪增重率 10%~20%。

案例六：北方股份 NTE260 电动轮矿用车被授予“国家重点新产品”称号，占据国内 75%以上市场份额，市场扩至全球 50 多个国家和地区，成为国际一流科技水平的“代名词”。

案例七：家畜性控技术国际领先，全国每10个牧场就有7家使用内蒙古的奶牛性控冷冻精液；制定了5项马铃薯种薯国家标准和3项商品薯国家标准；巴美肉羊的平均繁殖率由150%提高到200%。

表 4-1　2009~2015 年自治区科技进步奖获奖行业分类①

行业	农林牧渔	采矿业	食品加工	冶金与制造	电力燃气	化工	建筑交通	医药	新兴产业	其他	总数
2009	9	4	8	10	12	2	5	23	14	3	90
2010	10	15	4	18	9	3	5	21	12	3	100
2011	10	4	3	8	15	3	8	29	17	7	104
2012	12	3	4	9	15	7	5	26	15	5	101
2013	16	8	1	7	7	4	6	20	22	2	93
2014	14	9	4	9	6	4	10	23	22	2	103
2015	14	6	2	10	13	3	6	31	8	5	98
总计	85	49	26	71	77	26	45	173	110	27	689
平均占比	12%	7%	4%	10%	11%	4%	7%	24%	17%	4%	100%

第三节　内蒙古科技成果转化的主要模式

根据内蒙古科技成果转化的特点，我们归纳了八种基本模式：

一、产学研联合转化模式

产学研联合转化是企业、大专院校和科研院所共同推进的科技成果转化模式。它以市场为导向，从政府为推动力，由多个主体进行合作技术创新。产学研联合转化模式在发达国家进行科技成果转化过程中普遍采用，它包括委托开发和合作开发两类转化模式，前者是企业根据发展需要，委托有能力的科研机构及大学进行项目研究与开发；后者是企业与科研机构及大学以合作形式进行新技术的研究开发活动。

① 数据来源于内蒙古自治区政府公开信息。

从产学研形式看，目前内蒙古产学研模式下科技成果创新及转化，主要采取企—学、企—研、学—研、企—企、研—研、企—学—研等模式。2010~2015年，在内蒙古自治区科技进步奖项中，采取联合创新及转化的比例基本保持在33%左右。在直接成果转化方面，主要依托内蒙古科技交易所和内蒙古科技成果转化网两个平台。2015年，内蒙古共成交各类技术合同2653项，实现合同金额189.92亿元，合同金额增幅为20.45%。城市建设与社会发展、先进制造和现代交通领域技术分别为引进区外技术金额的前三位，投资金额分别为62.79亿元、34.61亿元和33.67亿元。

例如，包头市在征集技术需求和科技发展项目的基础上，有组织地先后与中科院、清华大学、中国农业大学等50多所国内院校开展了产学研合作、对接，累计有500多人次的专家、教授来包考察、开展合作项目。为了有效地开展供需对接，建立了包头市清华大学产学研办公室及中科院北京国家技术转移中心包头分中心，设立了包头市产学研合作专项，组织实施了产学研合作项目100余项，突破了一批企业生产工艺、产品创新方面的关键技术难题，为包头市锻炼培养了一批高层次技术人才。2009年，中科院研发实验服务基地面向包头市开放，市辖企业可以低成本利用中科院在北京的13家研究所价值15.6亿元的1000多台（套）国内最先进的科研仪器。包头稀土研究院、内蒙古一机集团等单位与中科院化学所、力学所、过程所等共建实验室及研究开发机构。包钢集团投资3亿多元与东北大学“轧制技术及连轧自动化国家重点实验室”合作建成的“低成本高性能钢材产品研发技术平台”，建立了国内外先进水平的钢材产品冶炼工艺、钢材产品控轧控冷工艺、钢材产品热处理和钢材产品材料性能四个研究实验室。

表4-2　2009~2015年内蒙古自治区科技奖中采取产学研类型情况

单位：项

合作类型	企—学	企—研	学—研	企—企	企—学—研	研—研	合作总数
2009年	8	9	3	3	1	2	26
2010年	6	7	2	6	1	0	22
2011年	7	6	5	5	1	1	25
2012年	10	7	1	4	2	0	24
2013年	14	8	2	7	1	4	36
2014年	17	11	2	12	2	1	45
2015年	8	5	7	3	3	7	33

二、自行转化模式

自行转化是科研院所、大专院校或企业自身将研制的科技成果应用于本单位内部的一种科技成果转化模式。其特点是科技成果的成果源与吸收体融为一体，消除了中间环节，很大程度上降低了科技成果转化的交易成本，而且转化效率较高，适用于实力较为雄厚的企业。根据主体不同，又将自行转化模式分为两种子模式：一是引进技术的二次创新科技成果转化模式，它是指由企业创造条件，对一次性从技术转让方买断的科技成果迅速实施转化，并逐步形成产业；二是在对科技成果消化吸收的基础上进行二次创新开发，形成新的技术或产品。企业可以通过二次创新科技成果转化模式进行后续开发，有利于追赶先进企业。内蒙古大多数实用高新技术的转化都属于这一模式。如 2010 年，巴彦淖尔市引进国家农业信息化工程技术研究中心 ASE 智能采集控制器、土壤水分传感器、温室娃娃、电磁阀、精准施肥高效喷药一体机以及远传水表等先进的设备，结合已有的自动控制、施肥、施药和节水灌溉技术研发出实现了施肥、施药、灌溉控制、土壤墒情信息采集以及温室信息采集管理过程的自动化种植技术，并在五原县推广应用。目前，各系统运行状况良好，据测定，在作物生长期与滴灌相比，可节水 32.2%，提高地温 3~4℃，空气湿度降低 12%~15%，病虫害发病率降低 37.5%，作物提早上市 14 天，前期产量增加 50.4%，总产量增加 8.2%。

三、融资转化模式

通过吸引风险投资进行融资来促进科技成果转化，具体发展阶段依次为科技成果、风险投资、科技企业、形成规模、投资退出。该模式关键影响因素是科技成果转化风险以及企业对成果转化的不信任。这方面，内蒙古尚处于起步阶段，但近几年发展势头迅猛。例如，内蒙古盛芯科技有限责任公司将芯片领域国家 6 项专利进行技术入股，获得内蒙古中云产业发展投资的基金保障、市场开拓以及经营管理方面的经验支持，很快形成一批高科技芯片产品，为带动区域的科技进步和快速发展，改善地区的产业品牌发挥了重要作用。

四、委托中介转化模式

政府机构在一些事关国计民生的重大战略性基础技术研发方面，通过将自己所需的科技成果，委托企业、科研机构等研发主体进行设计开发，并支付一定的费用，以获取研发成果，这就是科技成果转化的另一个模式，即通过中介转化。其特点是实现了科技成果的成果源与吸收体相分离，依靠中介机构实现成果转化，转化率较高。科技中介服务的主要功能是为政府科技部门、科研院所、高等学校和大中小型企业特别是科技型企业等从事科技活动的主体单位，提供包括信息查询与交流、技术咨询与评估、科技成果的鉴定、孵化及转化等方面的科技服务，这种科技中介技术成果转化服务模式相对其他模式而言，具有优化生产要素配置、加大科技成果转化比重、促进科技与经济融合等优点。例如，内蒙古通过深入企业调研、座谈、新闻发布会、网上申报等形式面向企业征集技术难题，先后公开征集、整理技术难题；同时，通过报纸、网络等媒体向全社会公开征集科技发展项目，提高申报项目的质量。2012 年 12 月 10 日，内蒙古科技厅下发了“关于征集重大技术需求的通知”，共收到盟市科技局、高等院校、科研院所报送的技术需求 45 项，技术需求涉及农业 26 项、社会发展 8 项、工业 11 项。

五、政府推广转化模式

政府推广转化的表现形式主要是通过政府主导成立的科技中介、科技服务部门等中介服务体系，在政府指导下利用行政渠道，对列入国家级、省级科技计划的有关科技成果转化项目，提供优质高效系列的转化服务。日本是实行这种模式的典型，该模式主要特点是企业充分依靠政府搭台牵线，利用政府的行政管理职能来解决科技成果转化过程中的一系列技术难题，从而达到促进企业科技成果转化的目的，最终将科技成果转化成经济效益。例如，2011 年 6 月，由自治区科技成果推广中心主办的“内蒙古科技成果转化网”正式上线运行，旨在为内蒙古科技成果转化工作创建一个新的服务平台，为社会各界提供一个科技成果发布、优选的窗口，搭建各盟市科技成果推广中心及社会相关推广机构互动、交流的桥梁和纽带。截至 2015 年底，共促进了近 400 项科技成果成功转化，提高了科技成果转化的速度与效率。

六、“科研+中试+产业”模式

“科研+中试+产业”模式主要根据内蒙古产业发展实际，着力解决生产建设方面的关键技术难题，有针对性地开展技术研究工作，以试验示范的方式，促进成果的中试、转化和推广。该模式以内蒙古农牧业科学院和内蒙古东达獭兔循环产业研究院为典型，属于较先进的三位一体院所科技集团发展模式。该模式以中试环节为关键，在中试的投入和开发过程集中人力、财力、物力，打通科研成果从实验室走向市场的通道，重点开展草畜良种选育和生态改良技术研究工作。按照该模式，内蒙古农牧业科学院系统提出了灌木育苗移栽技术，选育出多个新品种，取得了丰硕的科研成果。2014 年 12 月成立的内蒙古东达獭兔循环产业研究院致力于獭兔品种培育、规模化养殖、深加工产品发展利用的关键技术，通过推动企业加快科研成果孵化、中试、产业化示范，从而全面提高企业的核心竞争力，建立与完善了獭兔的繁育体系，培育出达到国家审定标准的獭兔新品系，打造出具有风水梁特色的高品质獭兔产品，建立完善了獭兔标准化养殖技术，獭兔疾病诊断与疫病防控体系；建立基于物联网的畜产品追溯监控管理系统、獭兔产品、副产品综合开发利用技术等獭兔循环产业链集成技术和应用示范体系，初步形成了獭兔高效生态循环产业链模式，规范了獭兔产业。

七、“大众创业、万众创新”模式

随着创新工场、车库咖啡等新型孵化器为代表的创客空间的出现，众创空间成为内蒙古科技成果转化的重要途径，实现创新与创业相结合、线上与线下相结合、孵化与投资相结合，为广大创新创业者提供良好的工作空间、网络空间、社交空间和资源共享空间。截至 2016 年底，内蒙古共认定了众创空间试点 70 家、试点培育 23 家，涵盖自治区 12 个盟市、4 所高校、2 个国家级高新技术产业开发区；其中 35 家众创空间通过科技部备案，纳入国家级科技企业孵化器的管理和服务体系。这些众创空间累计为 6000 多个初创企业提供了服务，有力支撑了创新创业。

八、“高校+企业”捆绑合作模式

通过搭建校企产、学、研合作平台，推动高校研究与产业需求对接，从而破解当前常见的科研、经济“两张皮”困境。例如，由包头机械工业职业学校与内蒙古一机集团瑞特精密工模具公司、一机集团人才学院共建了内蒙古首个现代学徒制校企合作基地。现代学徒制是通过学校和企业的深度合作与教师和师傅的联合传授，对学生以技能培养为主的现代人才培养模式。基地主要面向包头机械工业职业学校的机械加工、数控技术和焊接三个专业培养学生，探索实施“师傅带徒弟”的育人模式，按照现代学徒制基本要求，加强产教一体的教学模式改革，制定适合校企合作、工学结合的工学一体化教学方案和课程体系，做到学中做、做中学、学用结合，实现育人与用人的对接。同时，探索招生与招工一体化的现代学徒制试点工作，开展“招生即招工、入学即入厂、校企联合培养”的现代学徒试点，大力开展产教研合作，提高产教研一体化办学水平。加强双师型教师培养和校企文化融合，建立学校教师和企业师傅共同承担的“双导师”制度。

第四节　内蒙古科技成果转化水平与其他省份的横向比较

一、指标体系的构建

对科技成果转化水平的评价是一个十分复杂的问题，一方面，能够反映科技成果转化水平的因素很多，但是每一个因素都是从一个侧面进行衡量，而不能反映科技成果转化水平的全貌；另一方面，要构建指标体系就要涉及数据的定量分析，这样才会更加科学和实用，而通常有许多重要和关键的构成因素在现实中很难获得正式有效的统计数据。以往国内对科技成果转化绩效的研究，正是受制于指标选取和数据获取的难度而很少采用指标体系的方法进行定量分析。本书建立的指标体系主要遵循以下几项原则：

（1）聚焦原则。本书在选择评价指标时候，首先把握所用指标是否与科技成果转化直接相关，凡是与科技成果转化没有直接关联的指标，本书一般不予选用，特别是有关科技成果研发的指标，如 R&D 经费投入、R&D 人员投入等指标，本书将这一类指标剔除，以便更好地聚焦于评价科技成果转化水平，避免与科技成果研发等科技创新其他领域混淆。

（2）完备原则。科技成果转化水平指标体系作为一个有机整体，涉及科技、经济、贸易等很多方面。因此，本书所选择的指标要尽量全面、完整地反映科技成果转化水平的状况，从各个不同角度反映出科技成果转化水平的优势与“短板”，尽可能体现出科技成果转化的整体状况。

（3）代表性原则。由于一些指标难以量化，或者缺少相关数据，因此，本书尽量选择那些有代表性的综合指标，并且有可靠数据来源、计算方法不太复杂的指标，以便评价方法不但在理论上合理，在实践中也可操作。

（4）层次性原则。各省科技成果转化水平涉及社会、市场、企业等多层面，且内部关系非常复杂，各个子系统之间相互影响、相互制约。因此，本书对各指标进行分类梳理，将科技成果转化水平划分为四个层面，分别是成果转化的活跃度、成果转化的效率、成果转化的效益、成果转化的经济贡献度。

在构建指标体系的基础上，应用德尔菲法计算了有关指标的权重。具体指标和权重如表 4-3 所示。

第一，成果转化的活跃度指标层为技术市场交易额/GDP。成果转化的活跃度越高说明技术市场交易额占据经济的份额越大，说明技术市场较为发达活跃，技术市场在经济发展特别是现代服务业发展中的高端地位和核心作用日益突出，活跃的技术市场为科技成果的转化提供了强大保障。

表 4-3　科技成果转化水平指标体系

目标层	维度层	权重	指标层	权重
科技成果转化	成果转化的活跃度	10%	技术市场交易额/GDP	10%
	成果转化的效率	30%	技术市场技术输出地域合同金额（万元）占R&D经费比重	15%
			按合同类型分技术市场技术流向地域（合同金额）占R&D支出的比重	15%
	成果转化的效益	35%	规上企业新产品收入/新产品开发项目数	11.7%
			高新技术新产品收入/高新技术新产品项目数	11.7%
			专利转让收入/专利转让数	11.7%
	成果转化的经济贡献度	25%	规上工业新产品收入/规上企业收入总额	6.25%
			高技术产业投资额/全社会固定资产投资额	6.25%
			高技术产业主营业务收入占规上企业主营业务收入的比重	6.25%
			高技术产品出口额/出口总额	6.25%

第二，成果转化的效率指标层包括技术市场技术输出地域合同金额（万元）占R&D经费比重和按合同类型分技术市场技术流向地域（合同金额）占R&D支出的比重。科技成果转化效率越高，一定投入带来的科技成果转化成的生产力越高；反之，一定投入带来的科技成果转化成的生产力越低。

第三，成果转化的效益指标层包括规上企业新产品收入/新产品开发项目数、高新技术新产品收入/高新技术新产品项目数和专利转让收入/专利转让数。科技成果转化效益越高，单项科技成果的经济效益越高，科技成果转化可以给技术主体带来丰厚回报，科技成果转化的积极性越高。

第四，成果转化的经济贡献度指标层包括规上工业新产品收入/规上企业收入总额、高技术产业投资额/全社会固定资产投资额、高技术产业主营业务收入占规上企业主营业务收入的比重和高技术产品出口额/出口总额。科技成果转化的经济贡献度越高，科技成果转化对经济增长、企业效益的提升、产业结构的调整和投资方向的调整作用越突出。

二、内蒙古科技成果转化水平在全国的位次

我们以《2016 中国科技统计年鉴》为基础，在计算得出各省分项科技成果转化指标的基础上，利用 SPSS 软件，进行无量纲化处理，再根据各项指标权重，得到各省科技成果转化水平排序。

表 4-4　全国各省份科技成果转化水平度量

排序	地区	科技成果转化水平度量
1	上海市	0. 766
2	重庆市	0. 608
3	江苏省	0. 596
4	北京市	0. 571
5	天津市	0. 546
6	广东省	0. 526
7	浙江省	0. 526
8	河南省	0. 524
9	湖南省	0. 518
10	湖北省	0. 487
11	陕西省	0. 463
12	安徽省	0. 434
13	江西省	0. 417
14	四川省	0. 416
15	山东省	0. 415
16	山西省	0. 414
17	吉林省	0. 413
18	福建省	0. 410
19	辽宁省	0. 408
20	海南省	0. 404
21	甘肃省	0. 399

续表

排序	地区	科技成果转化水平度量
22	河北省	0. 392
23	广西壮族自治区	0. 389
24	贵州省	0. 386
25	云南省	0. 384
26	新疆维吾尔自治区	0. 382
27	内蒙古自治区	0. 379
28	青海省	0. 377
29	宁夏回族自治区	0. 377
30	黑龙江省	0. 376
31	西藏自治区	0. 273

从总的排名看，东部地区平均科技成果转化度为 0. 602，全国平均水平为 0. 454，西部地区平均为 0. 386。相比于东部地区的科技成果转化水平，西部地区的科研成果的转化率不容乐观，在完成的科研成果中能签约转化的成果不到 30%，真正实现产业化的科研成果仅占应用科研成果的 20%，能够在短期内取得良好经济效益的不到 15%，专利实施率也仅有 21%左右。

从分项指标看，内蒙古多数指标排名靠后，进入全国前 20 位的只有高校专利转让收入比专利转让数、按合同类型分技术市场技术流向地域（合同金额）占 R&D 支出的比重和规上企业新产品收入/新产品开发数目两项指标，其余均在 20 位之后，特别是规上企业新产品收入占企业主营业务收入的比重排全国倒数第 3 位，高技术产业主营业务收入占规上企业主营业务收入的比重排倒数第 4 位，技术市场交易额占地区生产总值比重排倒数第 5 位。这说明内蒙古的成果转化能力，特别是企业成果转化能力、成果转化的效益、成果转化对经济的贡献度以及技术市场的活跃程度等方面均位居全国后列。尤其值得一提的是，作为创新主体的企业，尚未肩负起促进成果转化的责任，产品创新尚未成为企业盈利的主要途径，内蒙古在促进产、学、研、用融合发展方面还有很长的一段路要走。

表 4-5 各省份科技成果转化分项指标排序

技术市场交易额占地区生产总值比重	技术市场技术输出地域合同金额占R&D经费的比重	按合同类型分技术市场技术流向地域（合同金额）占R&D支出的比重	规上企业新产品收入/新产品开发数目	高新技术新产品收入/新品开发项目数	高校专利转让收入比专利转让数	高技术产业主营业务收入占规上企业主营业务收入的比重	高新技术产业投资额占全社会固定资产投资比重	规上企业新产品收入占企业主营业务收入的比重	高技术产品出口额占总出口的比重
北京市	北京市	西藏自治区	吉林省	河南省	贵州省	广东省	江西省	浙江省	陕西省
陕西省	青海省	海南省	湖南省	天津市	湖南省	北京市	江苏省	上海市	河南省
上海市	陕西省	青海省	新疆维吾尔自治区	广东省	北京市	上海市	河南省	北京市	重庆市
天津市	甘肃省	贵州省	辽宁省	福建省	河南省	江苏省	湖北省	天津市	四川省
湖北省	湖北省	新疆维吾尔自治区	河南省	江苏省	湖北省	重庆市	重庆市	重庆市	上海市
甘肃省	天津市	甘肃省	湖北省	湖南省	山东省	天津市	吉林省	湖南省	山西省
青海省	重庆市	山西省	上海市	北京市	内蒙古自治区	四川省	上海市	广东省	天津市
重庆市	黑龙江省	内蒙古自治区	天津市	山东省	河北省	西藏自治区	安徽省	江苏省	江苏省
江苏省	上海市	宁夏回族自治区	山东省	辽宁省	广东省	福建省	广东省	安徽省	广东省
安徽省	云南省	云南省	重庆市	浙江省	新疆维吾尔自治区	湖南省	湖南省	湖北省	北京市

续表

技术市场交易额占地区生产总值比重	技术市场技术输出地域合同金额占R&D经费的比重	按合同类型分技术市场技术流向地域（合同金额）占R&D支出的比重	规上企业新产品收入/新产品开发数目	高新技术新产品收入/新品开发项目数	高校专利转让收入比专利转让数	高技术产业主营业务收入占规上企业主营业务收入的比重	高新技术产业投资额占全社会固定资产投资比重	规上企业新产品收入占企业主营业务收入的比重	高技术产品出口额占总出口的比重
黑龙江省	辽宁省	广西壮族自治区	河北省	湖北省	重庆市	陕西省	陕西省	山东省	全国
辽宁省	四川省	福建省	广东省	江西省	上海市	江西省	山东省	福建省	湖北省
四川省	安徽省	重庆市	广西壮族自治区	上海市	福建省	河南省	四川省	海南省	安徽省
广东省	贵州省	北京市	甘肃省	重庆市	辽宁省	海南省	天津市	辽宁省	江西省
山东省	江苏省	陕西省	山西省	安徽省	浙江省	浙江省	河北省	甘肃省	山东省
山西省	江西省	天津市	江苏省	吉林省	黑龙江省	广西壮族自治区	浙江省	河南省	福建省
云南省	山西省	黑龙江省	内蒙古自治区	四川省	天津市	吉林省	广西壮族自治区	广西壮族自治区	湖南省
湖南省	湖南省	湖北省	北京市	山西省	江苏省	山东省	辽宁省	四川省	广西壮族自治区
江西省	广东省	辽宁省	江西省	广西壮族自治区	安徽省	湖北省	福建省	吉林省	宁夏回族自治区

续表

技术市场交易额占地区生产总值比重	技术市场技术输出地域合同金额占R&D经费的比重	按合同类型分技术市场技术流向地域（合同金额）占R&D支出的比重	规上企业新产品收入/新产品开发数目	高新技术新产品收入/新品开发项目数	高校专利转让收入比专利转让数	高技术产业主营业务收入占规上企业主营业务收入的比重	高新技术产业投资额占全社会固定资产投资比重	规上企业新产品收入占企业主营业务收入的比重	高技术产品出口额占总出口的比重
浙江省	吉林省	上海市	福建省	甘肃省	吉林省	安徽省	山西省	河北省	辽宁省
贵州省	山东省	四川省	浙江省	云南省	四川省	贵州省	内蒙古自治区	陕西省	河北省
吉林省	宁夏回族自治区	河北省	安徽省	河北省	江西省	辽宁省	贵州省	江西省	云南省
福建省	内蒙古自治区	江西省	云南省	陕西省	云南省	黑龙江省	海南省	宁夏回族自治区	海南省
河南省	福建省	江苏省	贵州省	内蒙古自治区	陕西省	山西省	北京市	山西省	吉林省
宁夏回族自治区	广西壮族自治区	吉林省	四川省	贵州省	广西壮族自治区	河北省	甘肃省	新疆维吾尔自治区	浙江省
河北省	河南省	广东省	宁夏回族自治区	宁夏回族自治区	甘肃省	云南省	黑龙江省	云南省	内蒙古自治区
内蒙古自治区	浙江省	湖南省	海南省	黑龙江省	山西省	青海省	青海省	贵州省	甘肃省
广西壮族自治区	河北省	安徽省	陕西省	青海省	海南省	内蒙古自治区	云南省	黑龙江省	贵州省

续表

技术市场交易额占地区生产总值比重	技术市场技术输出地域合同金额占R&D经费的比重	按合同类型分技术市场技术流向地域（合同金额）占R&D支出的比重	规上企业新产品收入/新产品开发数目	高新技术新产品收入/新品开发项目数	高校专利转让收入比专利转让数	高技术产业主营业务收入占规上企业主营业务收入的比重	高新技术产业投资额占全社会固定资产投资比重	规上企业新产品收入占企业主营业务收入的比重	高技术产品出口额占总出口的比重
新疆维吾尔自治区	新疆维吾尔自治区	山东省	黑龙江省	新疆维吾尔自治区	西藏自治区	甘肃省	新疆维吾尔自治区	内蒙古自治区	黑龙江省
海南省	海南省	河南省	青海省	海南省	青海省	宁夏回族自治区	西藏自治区	青海省	新疆维吾尔自治区
西藏自治区	西藏自治区	浙江省	西藏自治区	西藏自治区	宁夏回族自治区	新疆维吾尔自治区	宁夏回族自治区	西藏自治区	青海省

表 4-6　科技成果转化各项指标位次

	技术市场交易额占地区生产总值比重	技术市场技术输出地域合同金额占 R&D 经费的比重	按合同类型分技术市场技术流向地域（合同金额）占 R&D 支出的比重	规上企业新产品收入/新产品开发项目数目	高新技术新产品收入/新品开发项目数	高校专利转让收入比专利转让计数	高技术产业主营业务收入占规上企业主营业务收入的比重	高新技术产业投资额占全社会固定资产投资比重	规上企业新产品收入占企业主营业务收入的比重	高技术产品出口额占总出口的比重
内蒙古自治区	0.08%	10.95%	122.91%	3549.83	1248.6	20	1.81%	1.92%	2.8%	5.4%
全国平均	1.24%	53.2%	104.9%	3563.86	2615.05	19.71	8.9%	2.83%	10.99%	20.87%
位次	27	23	8	17	24	7	28	21	29	26

本书采用指标评价的方法比较了内蒙古与其他省份的科技成果转化水平，研究发现，东、中、西部之间科技成果转化水平存在较大差异，全国科技成果转化水平总体呈现东、中、西部逐渐递减的格局；总体上看科技成果转化水平较高的地区，经济发展水平也较高，科技成果转化是驱动地区经济增长的重要动力。今后要想加快发展步伐，尽快实现赶超目标，就必须要更加注重科技成果转化，将经济发展的主要动力转到依靠创新驱动上来。

三、与西部地区其他省份相比

西部地区包括陕西、四川、云南、贵州、广西、甘肃、青海、宁夏、西藏、新疆、内蒙古、重庆 12 个省、自治区和直辖市。如图 4-10 所示，在西部省份中，内蒙古的科技成果转化能力处于中等偏下水平。

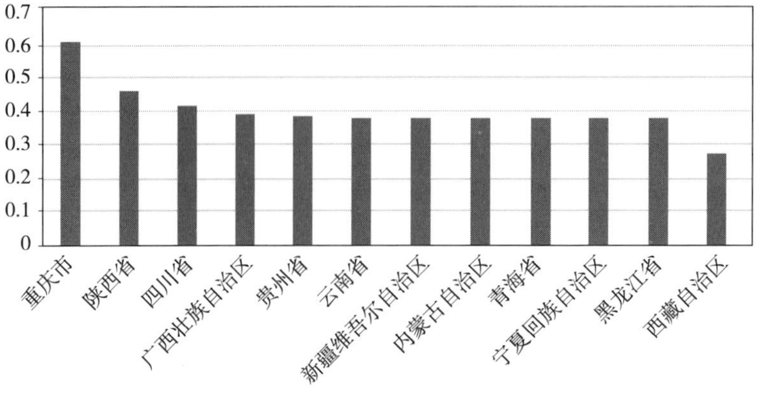

图 4-10　西部省份科技成果转化水平度量

如图 4-11 所示，从技术市场交易额占地区生产总值比重看，内蒙古自治区在西部 12 个省份中，排名第 9。反映出内蒙古技术市场的活跃度和发育程度在西部地区中处于较为落后的水平。近年来以西安、重庆、成都等为代表的一些西部城市，技术市场蓬勃发展，带动了当地经济的迅速发展，为内蒙古的科技成果转化树立了榜样。例如，2010 年以来，西安技术交易额连续 5 年实现百亿元增长，从当时的 98 亿元，到 2015 年的 600 多亿元，交易额连续 4 年居于全国副省级城市首位。而作为内蒙古技术市场最为发达的呼和浩特市，2015 年的交易额没有突破 1 亿元。

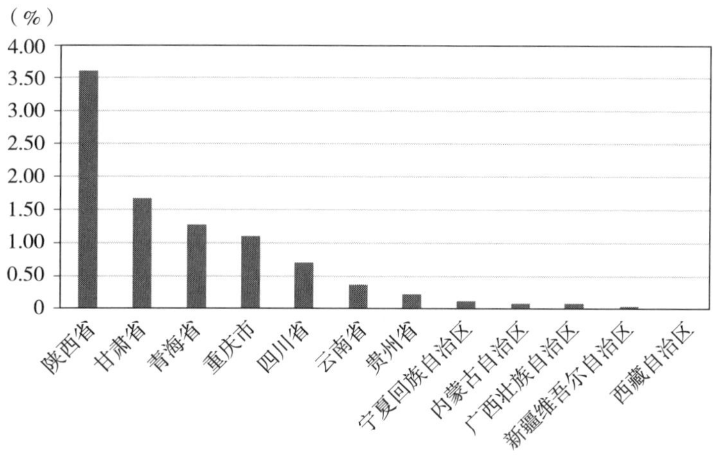

图 4-11　西部省份技术市场交易额占地区生产总值比重

如图 4-12 所示，从技术市场技术输出地域合同金额占 R&D 经费的比重看，内蒙古居西部第 9 位。内蒙古技术输出情况不容乐观，内蒙古科技成果转化对技术引进的依赖程度非常高，更多的科技成果需要引进，输出的科技成果很少。

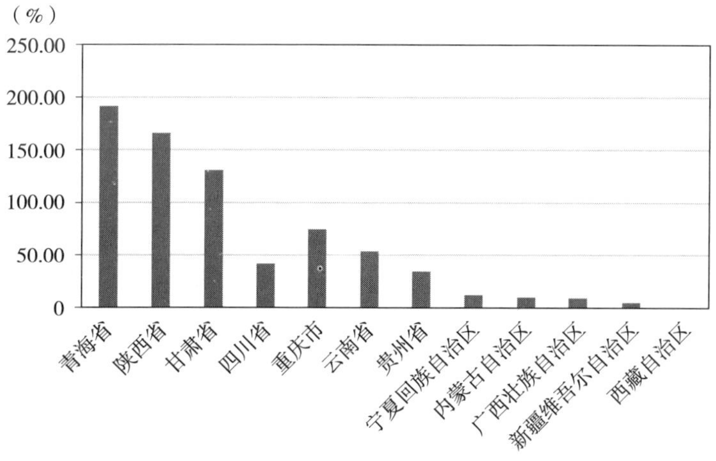

图 4-12　西部省份技术市场技术输出地域合同金额占 R&D 经费的比重

如图 4-13 所示，按合同类型分技术市场技术流向地域（合同金额）占

R&D 支出的比重看，内蒙古居西部第 6 位。进一步印证了内蒙古作为科技成果净流入地的情况。根据中央党校调研报告《科技资源存量的地区分布及其变化》显示，我国科技资源分布不均，呈集中分布特征，北京、广东、上海等地有着较为雄厚的科技存量，而西部地区整体科技存量较为薄弱，内蒙古的科技存量尤其不足，科技成果的跨地区流动是解决这种科技成果空间分布不平衡的方法之一。

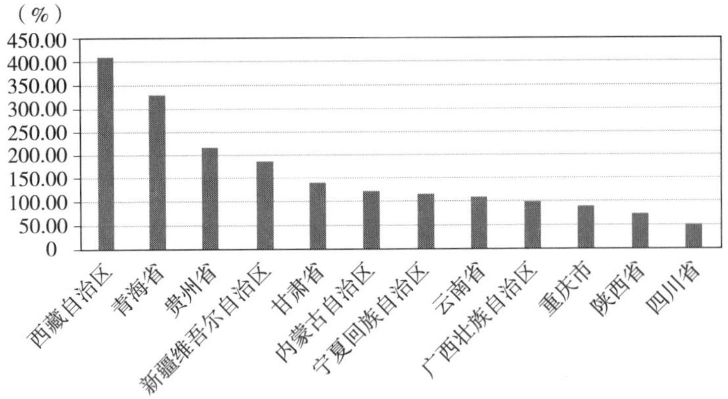

图 4-13　西部省份按合同类型分技术市场技术流向地域（合同金额）占 R&D 支出的比重

如图 4-14 所示，从规上企业新产品收入/新产品开发数目看，内蒙古居西部地区第 5 位，处于中游水平。由此可见，内蒙古企业对新产品的开发应用水平尚处于西部地区中等水平，虽然超过西藏、云南、贵州等省份，但不及新疆、重庆、广西等省份。

如图 4-15 所示，从高新技术新产品收入/新品开发项目数看，内蒙古排西部地区第 7 位，处于中下游水平。相对于传统的能源、机械、化工等行业而言，高新技术产业的发展是内蒙古的一块“短板”，即使与高新技术产业同样不发达的其他西部省份比仍是如此。随着经济进入新常态，传统的依靠资源开采、能源消耗与低成本要素的发展模式已经难以为继，无论内蒙古是否做好准备，提升产品科技含量、大力发展高科技经济已经成为一条无法回避的道路。

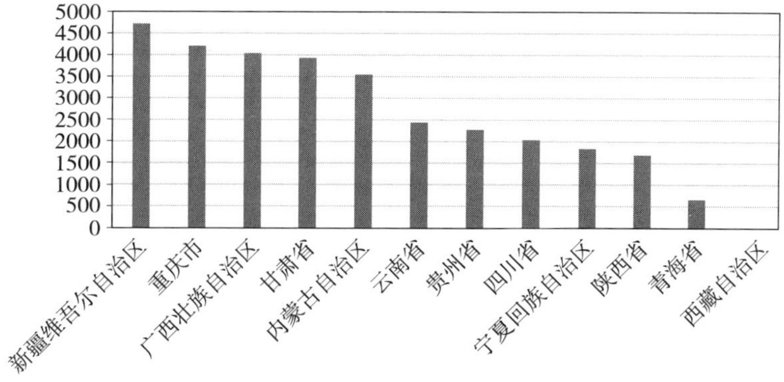

图 4-14　西部省份规上企业新产品收入/新产品开发数

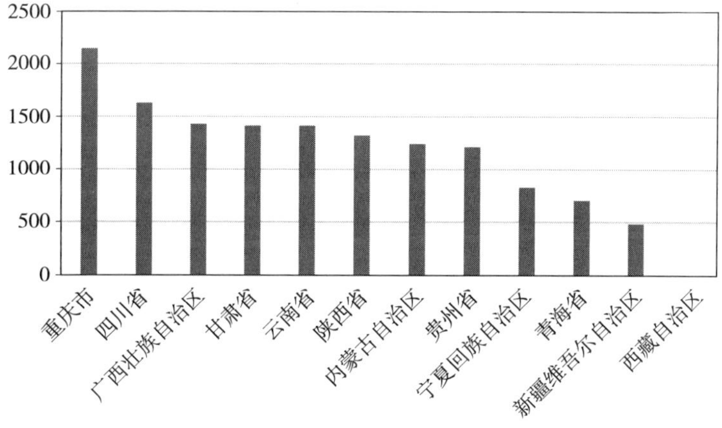

图 4-15　西部省份高新技术新产品收入/新品开发项目数

如图 4-16 所示，从高校专利转让收入比专利转让数看，内蒙古排西部地区第二位，但西藏、青海、宁夏三个省份由于缺乏数据，无法比较。虽然与全国相比，内蒙古高校科技成果转化率仍较低（据统计，我国高校平均专利转化率只有 5%，内蒙古更是不足 3%），但是在西部省份中，内蒙古高校的科技成果转化是一项“亮点”。内蒙古的大学历来有较为浓厚的创新创业氛围，例如，内蒙古工大阳光环保节能科技有限责任公司、内蒙古工大华远化学工程有限责任公司、呼和浩特市天骄实业有限公司都是从校园走出的名片，此外，伊利、蒙牛、包钢等知名企业也有与当地高校合作的优良传统。

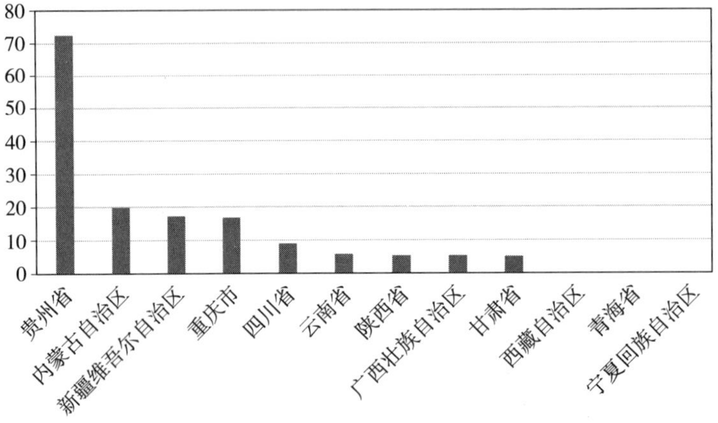

图 4-16 西部省份高校专利转让收入比专利转让数

如图 4-17 所示，从高技术产业主营业务收入占规模以上企业主营业务收入的比重看，内蒙古居第 10 位，处于西部地区后列。与前面的结论相一致，高新技术产业发展不足是内蒙古科技成果转化领域的一项“短板”。内蒙古高新技术产业总盘子小、步子慢、动力不足，高新技术产业的发展不只比不上发达地区，就是在西部欠发达地区中，发展也较滞后。内蒙古高新技术产业在西部的排名，与内蒙古经济总量西部第三，人均 GDP 西部第一的位置很不相称。

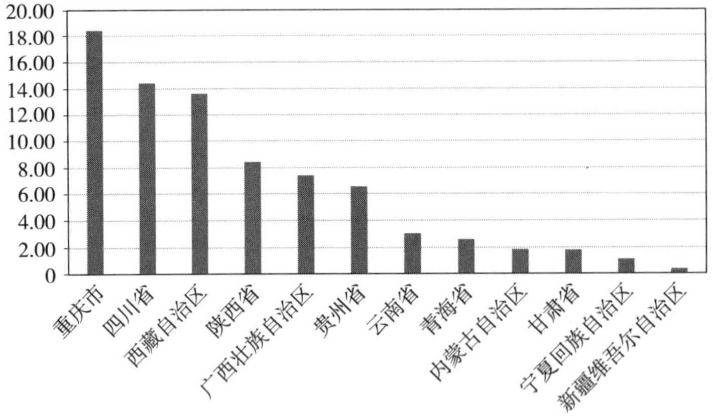

图 4-17 西部省份高技术产业主营业务收入占规模以上企业主营业务收入的比重

如图 4–18 所示，从高新技术产业投资额占全社会固定资产投资比重看，内蒙古居西部地区第 5 位，处于中等偏上位置。可见，虽然内蒙古高新技术产业总体发展滞后，但是内蒙古已经对这一问题有了较为清晰的认识，不断加大高新技术产业投资。试图通过投资结构的调整，发展高新技术产业，保持经济增长后劲。

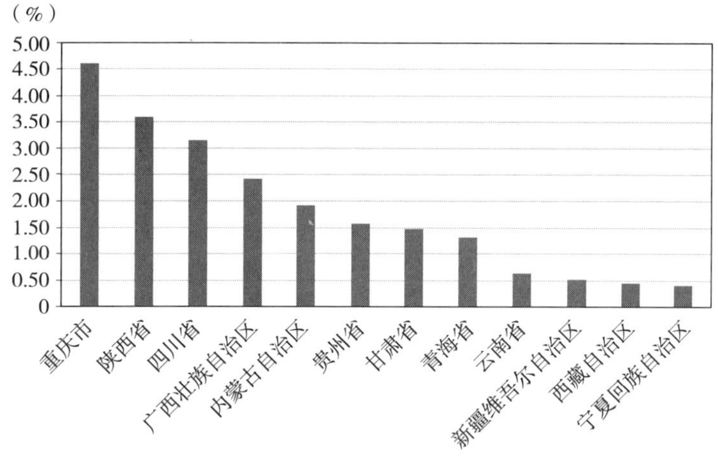

图 4–18 西部省份高新技术产业投资额占全社会固定资产投资比重

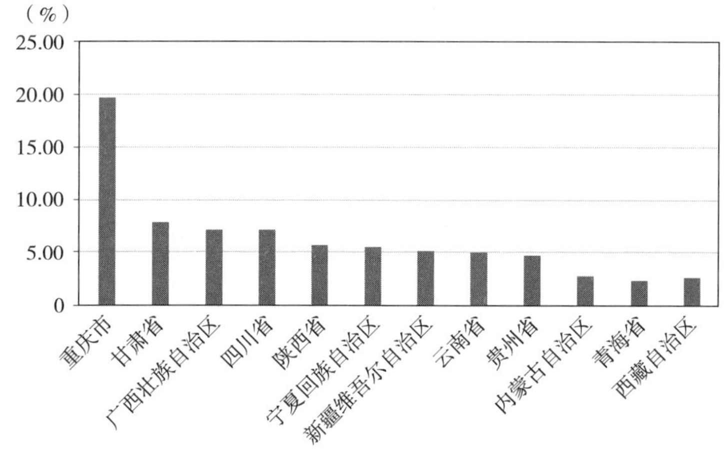

图 4–19 西部省份规模以上企业新产品收入占企业主营业务收入的比重

如图 4–19 所示，从规上企业新产品收入占企业主营业务收入的比重看，内蒙古居西部地区第10位，排名靠后。企业新产品收入低说明企业的利润主要来自初级产品、资源性产品、低附加值产品，产品品位不高、不精不细，抗风险能力差，很容易在激烈的市场竞争中败北。从一定程度上讲，企业是科技成果转化的主体，企业的产品结构决定了产业结构，产业结构决定了经济结构，而一个地区的经济结构对该地区经济的可持续发展具有决定性的影响。

如图4-20所示，从高技术产品出口额占总出口的比重看，内蒙古居西部第7位，处于中等偏下水平。虽然，近年来，内蒙古高技术产品出口增长迅速，2016年1~12月，出口3.93亿美元，同比增长17.56%。但是从总量上看仍低于西部地区平均水平，高新技术产业基础薄弱，出口产品单一，结构不尽合理，支柱型产业和产品匮乏，企业开拓国际市场能力弱，抗风险能力差，出口对国民经济的拉动力不强，短期内出口实现大规模扩张存在基础性制约。

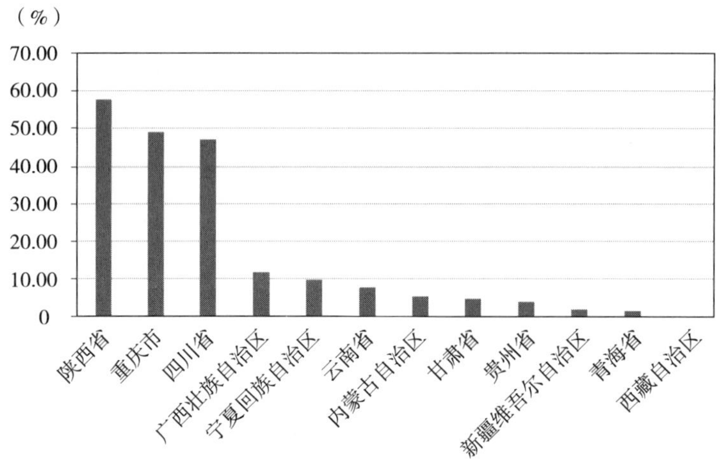

图4-20　西部省份高技术产品出口额占总出口的比重

总体上看，内蒙古科技成果转化除了个别领域外，多数指标处于西部地区中游偏下水平，新技术、新产品、新工艺、新材料推广应用不足，高新技术产业发展缓慢，科技成果评价体系不科学，科研成果应用推广积极性不高，严重制约了内蒙古自治区经济社会发展。

第五章　加快科技成果转化的总体思路

促进科技成果转移转化是实施创新驱动发展战略的重要任务，是加强科技与经济紧密结合的关键环节，对于推进结构性改革尤其是供给侧结构性改革、支撑经济转型升级和产业结构调整，促进大众创业、万众创新，打造经济发展新引擎具有重要意义。今后一个时期，要将促进科技成果转化作为内蒙古加快推进转型升级，协同推进新型工业化、信息化、城镇化、农牧业现代化和绿色化的重要路径，强化技术、资本、人才、服务等创新资源的深度融合与优化配置，强化科技成果转移转化的协同推进，建立符合科技创新规律和市场经济规律的科技成果转移转化体系，促进科技成果资本化、产业化，形成经济持续稳定增长的新动力，力争2020年进入创新型省份行列，为建设祖国北部亮丽风景线提供强大支撑。

第一节　问题和原因分析

一、区内科技成果有效供给不足

总的来看，近年来内蒙古科技成果转化总量呈现持续增长态势，但从科技成果有效供给情况看，却呈现出明显的总量和有效供给相对不足的态势。“十二五”期间，全区专利申请总量虽然有了近25%的增速，但仅占全国同期专利申请总量的0.2%，每万人发明专利拥有量不足全国平均水平的20%，有效专利占比也仅为0.18%；而具有代表自主知识产权的授权发明专利占全国授权发明专利的总量尚不足0.3%，原始性创新能力也只排全国第27位。如表5-1所示，与区内科技创新能力不足形成鲜明对比的是，内蒙古每年需要从区外引进大量的技术成果，招商引资规模相对于GDP的比重均在27%以上，仅在2013年内蒙古·广东科技合作活动周期间就签订了218项技术合作协议，金额达到3630.89亿元。内蒙古科技成果转化促进会还与北京、四川等地的高等院校、国务院部属科研机构签订合作交流协议，借助区外的科技资源，促进内蒙古的产业升级。2015年底，全区吸纳区外技术2157项，是全区输到区外技术项数的4倍多，实现合同金额189.92亿元，进一步印证了科技成果有效供给不足的事实。

表5-1 内蒙古技术成果招商引资规模及占比

年份	招商引资（亿元）	固定资产投资（亿元）	占比（%）
2011	3000.00	10900.00	27.52
2012	3800.00	13000.00	29.23
2013	4400.00	15500.00	28.39
2014	5000.00	11900.00	42.02

二、科技成果有效需求有待进一步激活

在市场经济条件下，科技成果转化系统的行为特征是“以企业为主体，以市场为导向”。

从技术的开发、引进过程，再到推广运用、再创新，科技成果的转化受到经济发展水平、经济发展方式与经济结构的深刻影响。经济发展方式粗放，从需求上讲，内蒙古的经济发展方式属于投资带动型，高科技产业在GDP中的比例为14.17%，列全国第28位，科技进步贡献率远低于全国平均水平；从资源、能源方面讲，内蒙古重工业在工业发展中的比重保持在70%左右，资源主导型特征明显，这些产业的技术以引进为主，特点是产业链短、附加价值低，一般技术装备、中低档产品、国有经济比重、传统产业的产值比例较高，科技

成果转化需求不旺；从企业结构上讲，内蒙古属于大企业主导型，并且多为国企和央企，这导致企业的研发环节不在内蒙古，而是直接引进技术利用，因此技术创新对于产业转型升级的作用非常微弱。随着国内外形势的变化，内蒙古经济增长率从 2012 年开始骤然掉头下行，从 21 世纪前十年的年均增长 17.3% 下降到 2016 年的 7.2%，从 2002~2009 年的速度“八连冠”，下降到 2016 的全国第 24 位，随着经济的下行，进一步限制了市场对科技产品的需求增长。

从一般意义上讲，人均地区生产总值对科技成果转化绩效有显著正向影响，即经济越发展越有利于科技成果转化绩效的提高，而内蒙古由于产业结构和企业结构原因，在吸引东部地区产业转移过程中，多数奉行“拿来主义”，技术研发过程没有随着产业项目来到内蒙古，在增加当地 GDP 的同时，自主创新能力和科技成果转化水平并无明显提升；企业结构以大型国企为主，总部往往不在内蒙古，产、学、研对接主要在区外进行，区内高校很难参与这些企业的科技合作项目，这就导致内蒙古虽然人均 GDP 居全国前列，但是科技成果转化水平远低于全国平均水平，甚至低于西部平均水平。此外，企业经营中的短视行为严重，认为合作开发新产品投资大、风险高、回报慢，不如购买成熟的生产技术更直接、更保险。

三、内蒙古科技成果转化服务体系作用发挥不足

内蒙古的科技孵化和成果转化体系主要由六部分组成：一是政府牵头组建的一批以市场为导向、以企业为主体，集科技创新与产业化于一体的新型科研机构。二是各盟市与所属旗县围绕本地区主导产业，设立的生产力促进中心。三是内蒙古农牧业科技信息化服务体系以及进行农村牧区信息服务直通车工程示范点。四是各地科技特色园区体系，包括不同类型、不同主题、各具特色的科技示范园区如自治区级高新技术开发区、创业服务中心、留学人员创业园、大学科技园等载体和服务机构等。五是产学研合作体系，包括校企联合培养基地、共建实验室和校办企业等；科技成果转化配套服务体系，包括专利代理机构等知识产权服务体系以及法律、财务、培训等中介机构。六是人才培养体系，包括实施“草原英才”工程以及引进、培养和集聚高层次领军人才和高水平创新团队。

以包头稀土高新区为例，孵化体系架构如图 5-1 所示。

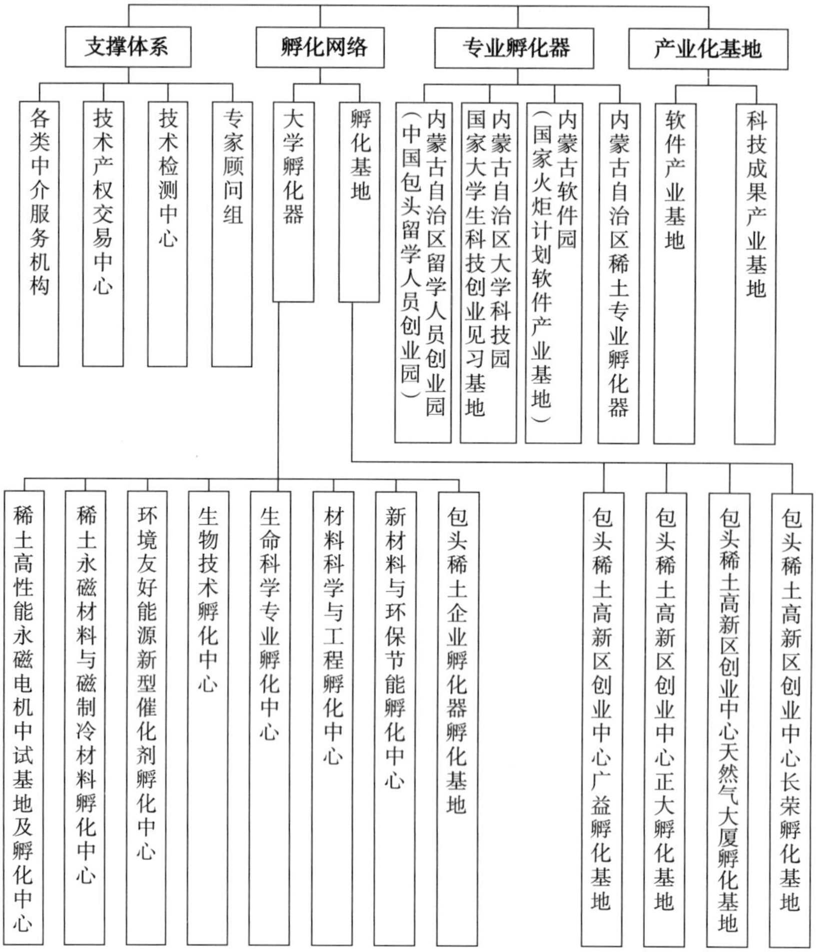

图 5-1 包头稀土高新区科技创业服务中心孵化体系创新

目前来看，内蒙古科技创新与产业发展“两张皮”的问题非常突出，造成这一问题的重要原因是科技服务体系不健全：一方面，孵化器作用发挥不到位。如图 5-2 所示，内蒙古现有 10 家国家级科技企业孵化器，还有 32 家自治区级科技企业孵化器，覆盖呼和浩特市、包头市、鄂尔多斯市、赤峰市等 10 个盟市。但是，一定程度上，孵化器只是数量增加，真正能形成品牌的并不多。起步时间相对较晚的内蒙古孵化器，和东部发达地区相比，差距还很大，还没有走上一条适合区情的孵化器发展的道路。

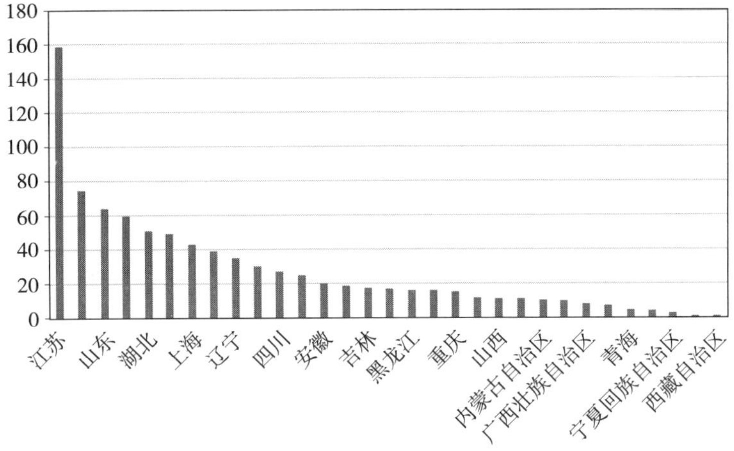

图 5-2　全国各省市区国家级孵化器数量

另一方面，技术市场不成熟。技术的持有者和需求者是分散的个体，技术商品本身转化需要发育完善的技术市场和技术中介服务机构全过程跟踪服务。因而，如果没有规范并且专业的组织机构在这两者之间起服务和媒介作用，那么技术商品的交易就很难完成，技术成果的转化也就难以实现。内蒙古大多数的高校科技成果转化都是自行洽谈的，而成功率极低，90%的高校科技成果“待嫁闺中”。科技服务中介市场机构位置上分散、经营不规范、规模较小、隶属关系较为复杂等都决定了技术成果这种本应该很“抢手”的特殊商品仍不能热销于市场。

四、科技成果转化资金不足

高科技产品开发周期短、成本高、风险大，科技成果转化的资金来源渠道少，主要靠政府拨款、企业自筹。大多数高新技术企业都是“轻资产、高风险”，又缺抵押物和担保，导致其融资难上加难。虽有政府设立的产业转型升级和创业投资引导基金等扶持政策，但远远不能解决科技企业的资金缺口。在已经成功转化的科技成果中，成果转化的资金风险投资只占 2.3%，而在科技成果转化率高的国家，风险投资起了关键的作用。资信问题解决不了、资金支持解决不了，那么科技项目前景再好、技术再好、人才再丰富，科技孵化器的发展也很难进入一个良性轨道。再如，在高校科技成果从科研、中试到转化的资金投入比例为 1∶10∶100，而内蒙古高校的科研经费投入中，往往是基础研究和应用研究占科研经费的绝大部分比重，而成果转化期间投入则相对较少。

五、应用研究的科技资源投入占比偏低

根据有关研究，为了进一步分析科技成果转化的影响因素，这里将一些可以量化的影响指标与科技成果转化水平建立回归方程，通过定量分析的方法进一步分析内蒙古科技成果转化水平低的原因。在建立回归方程的过程中，由于科技成果转化受到众多因素的共同影响，需要由多个解释变量进行解释，为了防止出现多重共线性问题，必须要对变量进行筛选。本书主要采用向后筛选策略，即首先将所有变量引入回归方程，并对方程进行各种检验；其次在回归系数检验不显著的一个或多个变量中，剔除检验值最小的变量，再重新建立回归方程，以此类推，直到所有的回归系数都显著，则回归方程结束。

本书首先选取科技资源投入、科技成果和区域经济环境三个方面的因素作为科技成果转化绩效的影响因素，并通过定量分析的方法进行验证。

根据有关研究，基础研究、应用研究和试验发展三个阶段的科技资源投入都对科技成果转化绩效产生积极影响，按从大到小的顺序依次是：应用研究、试验发展和基础研究。应用研究的科技资源投入对科技成果转化绩效的正向影响最大。一方面，应用研究起到一个非常重要的桥梁作用，如果基础理论成果不升华到应用研究中去，基础研究就失去了它存在的价值；另一方面，如果试验发展缺乏更具应用价值的科技成果，试验发展就会受阻，科技成果转化绩效就会受到不良影响。

目前，内蒙古科技成果转化存在的一个突出问题是忽视技术创新的应用研究阶段，急于追求现成产品。如表 5-2 所示，2014 年应用研究阶段的 R&D 经费内部比重只有 7.66%（全国平均为 10.74%，北京为 41.55%），应

用研究的科技资源投入占比偏低，成为提升内蒙古科技成果转化绩效的一大“瓶颈”所在。应用研究是科学技术转化为现实生产力的关键环节，又是技术是否成功的风险关键点。如果只是在理论上和试验上下功夫，产品就只能停留在理论或者样品上。企业需要也就只能一味地依赖引进国外成套技术设备，而需要投入的产品中试阶段将无人问津，造成科技与产业间的断层。

表 5-2 东部、中部、西部地区及内蒙古各类研究支持及占比

	R&D 经费内部支出	基础研究	比例（%）	应用研究	比例（%）	实验发展	比例（%）
全国	130156297	6135429	4. 71	13985283	10. 74	110035587	84. 54
东部地区	87506587	3860154	4. 41	8288674	9. 47	75357761	86. 12
中部地区	19777472	708237	3. 58	1936639	9. 79	17132596	86. 63
西部地区	15599675	1095815	7. 02	2429763	15. 58	12074097	77. 40
东北地区	7272563	471223	6. 48	1330207	18. 29	5471133	75. 23
内蒙古	1221346	22368	1. 83	93516	7. 66	1105462	90. 51

六、科技体制不完善造成研发机构的投入比重偏低

根据有关研究，研发主体的科技资源投入对科技成果转化绩效的影响，按从大到小的顺序依次是：研究与开发机构、大中型工业企业、高校。

表 5-3 显示了研发主体与研发阶段的关系：高校基础研究阶段 R&D 人员全时当量占整个基础研究阶段 R&D 人员全时当量的比重达到 69. 14%，研发机构应用研究阶段 R&D 人员全时当量占整个应用研究阶段 R&D 人员全时当量的比重达到 32. 50%，高校和研发机构试验发展阶段 R&D 人员全时当量占整个试验发展阶段 R&D 人员全时当量的比重均不足 7%。由此可见，基础研究主要由高等学校完成，应用研究主要由研发机构完成，试验发展主要由高等学校和研发机构之外的企业完成。

表 5-3 各阶段不同研发主体的贡献占比

占基础研究阶段 R&D 人员全时当量的比重		占应用研究阶段 R&D 人员全时当量的比重		占试验发展阶段 R&D 人员全时当量的比重	
研发机构基础研究阶段 R&D 人员全时当量	高校基础研究阶段 R&D 人员全时当量	研发机构应用研究阶段 R&D 人员全时当量	高校应用研究阶段 R&D 人员全时当量	高校和研发机构试验发展阶段 R&D 人员全时当量	高校试验发展阶段 R&D 人员全时当量
24.16%	69.14%	32.50%	44.19%	6.96%	1.05%

内蒙古研发机构的科技资源投入比重偏低，成为提升内蒙古科技成果转化绩效的又一个“瓶颈”所在。研发机构 R&D 经费占比只有 3%，属于全国水平最低的省份之一。

造成研发机构的科技资源投入偏低的一个重要原因在于科技体制改革的滞后：

第一，高校科研课题选题立项存在着缺陷。各高校目前申报的多数为体现自身科技实力的基础性研究和高技术研究项目，在立项论证时，主要侧重于方案的理论分析与评价，着重考察技术的可行性而不注重其应用前景，只需要论文，不要求出产品，对于科技人员的评定仍然停留在论文、专著的发表数量等硬指标上，在与市场需求相衔接方面关注度不够，在这样的体制下，科研人员只注重学术价值，对成果市场开发前景、推广的可能性和对科研成果产业化的资金规模和技术追踪很少关心。最终这类项目只有束之高阁。即使是为某企业解决的核心技术或者新产品的开发，也由于其片面性而忽视与课题相关配套的技术进行相关性研究，导致其应用面过窄，难以再次转化。

第二，科技成果评鉴和后续创新机制不健全。现行的科技成果评鉴方式受主观因素、成果外在因素影响过大，导致了研究者“重理论研究、轻应用研究，重成果、轻转化”的不良倾向。这样的研究倾向导致了科技成果只是数量的增加，在科技成果评鉴完成后面对市场考验时，可以转化的寥寥无几；高科技人员本应该解决技术系统本身在后期转化过程中所出现的问题，但由于高科技人员身兼数职，对自己所提供项目的后期技术支持极其有限，所以即使科技成果申请专利了，由于没有针对技术进行后期的继续研究和参照国际市场上最新的研究动态，最终导致专利成果不能转化为市场上具有优势竞争力的产品，这样的科技成果也就只能束之高阁了。

第三，科研人员多数属于公务员、事业编制或者在国有企业任职，但是现行人事管理制度限制了科研人员的自由流动以及对科技成果的支配权利。诸如，科研人员在取得研究成果以后，停薪留职创办企业，将手中的科技成果转化为产品或者兼职将手中的产品以技术入股等形式进行转让的行为都是受到严格限制的，另外，科研经费管理严格，条例过细，基本没有用于支持科技成果转化的预算支出，科研人员在完成相关研究任务后，便没有动力去进行科技成果转化，造成科技资源的巨大浪费。

第二节　国内科技成果转化的新趋势

新时期经济社会的发展对科技成果转化工作提出了更高的要求。以整合科技资源、连通产业链条、提供科技服务为手段不断加强科技成果转化效率，在实现科技资源优化配置、促进产学研合作、加快高新技术产业化、服务全国创新战略的过程中，呈现出科技成果转化的新趋势。

一、由跟踪模仿向自主创新过渡，原始创新变得更加重要

科技创新、转化和产业化的速度不断加快，原始科学创新的作用日益突出，以前由跟踪模仿主导的我国创新模式已经渐渐不适应迅猛发展的科技创新与成果转化。初期模仿创新省去了我国企业新技术探索开发的早期投入和新市场开发建设的风险投入，因而能够集中力量在创新价值链的中游环节投入较多的人力和物力，这样既保证了模仿创新企业并不丰富的创新资源的集中利用，也保证了在工艺改进、质量控制、成本控制、大批量生产管理等方面形成强势技术积累。但是，随着科学技术爆炸式发展，模仿创新与成果转换的速度优势已经失去了市场，科技成果转化应用对原始创新要求达到了前所未有的高度，国家只有瞄准世界科技前沿，加强基础研究和原始创新，主

动在可能产生革命性突破的重点方向和热点领域进行布局，促进学科交叉融合，并谋求率先突破，坚持创新驱动发展，以科技创新引领全面创新，才能够提升国家科技整体实力和发展潜力，赢得现代发展的主动权，走出一条科技强、产业强和国家强的发展新道路。

二、由部门分散向系统集成过渡，“政产学研”体系更加突出

“政产学研”科技创新体系的建立与运作提高了科技成果转化的效率与质量，是我国科技发展到目前阶段的必然选择。“政产学研”是在产学研合作基础上发展起来的一种有效实现科技成果转化的模式，是以科技为依托，以科技担保、科技风险投资为支撑，将科技、资本、管理、人才等新的生产要素植入，综合集成和运作各创新要素，形成的一个开放的科技创新体系。在该体系中各创新主体可以实现独自无法获得的收益，产生“1+1>2”的协同效应，在这种合作模式中，政府部门、企业、高校、科研机构、科技中介机构和金融机构各司其职，在不同的层次上为企业的技术创新服务。“政产学研金介用”科技创新体系在运作过程中强化了政府的主导作用，保证了科技成果转化的高效性。在体系内，政府、高校、科研机构、企业等参与者都是主体，但政府居于主导地位，发挥着决策指挥、协调管理、评估监督、信息交流服务等作用，对各参与主体资源进行优化配置，确保协同创新各参与主体依靠彼此间的实时交流，使得各方获取人才、资金、技术、信息等方面的资源更为容易，能够最大限度地提高科技成果转化率。

三、由产业单体向产业集群过渡，科技项目资源得到更优化配置

由产业单体向产业集群转变，推进科技成果转化是我国科技成果转化中形成的一种新趋势。产业集群是产业发展过程中自发形成的，是一群在地理上集中，且有相互关联性的企业、专业化供应商、服务供应商以及相关的机构在空间上聚集现象，是众多关联企业之间必然形成一些公共技术需求，也是科技项目资源快速、有效转化的“温床”。科技项目资源作为产业集群的

核心要素，其配置效果一定程度上决定了科技成果转化的效率。通过有效占据市场和技术制高点，快速实现科技项目资源与产业集群的有效对接，将科技项目资源的实施效果发挥到最大限度，促进区域产业结构的升级和产业集群的发展壮大，也能够通过实现科技项目资源与产业集群的有效对接，发挥导向和示范作用，弥补集群内科技创新和应用的不足，引导产业集群内企业的科技研发、科技应用和科技服务向有利于科技创新和产业发展的方向进行，形成研发—中试—产业化—技术服务完整的产业创新转化链条，实现应用型科技成果转化。

四、由共性技术向关键技术过渡，技术带动辐射效应更加明显

在我国现有的科技成果转化体系中，关键技术的重要性逐渐超过了共性技术，其辐射带动效应也越来越明显。自身关键技术更具优势，而依托共性技术的解决方案则更容易交付第三方解决，关键技术则更多地作为创新的核心竞争力存在。关键技术能够充分整合相关资源，推进相关产业的发展，提升产业结构层级，将技术含量高、投资少、中间环节不多且经济效益明显的科技成果直接向生产领域转化，并将其推向市场，达到提高科技成果转化率和产业技术水平的目的。高校或科研机构本身的科研力量比较强大，其掌握关键技术的能力也较企业更强。近年来，高校或科研机构重视机构组织建设，很多都建立了高效率的组织系统和人力资源系统，这有利于科技成果的转化与产品的再开发，特别是在原创的基础上开展集成创新，从而实现技术与经济的紧密结合、良性互动和协调发展，促进自主创新能力提升和产品的更新换代，进而辐射和带动地区产业结构升级，实现地区经济可持续发展。

五、由公立机构向民营机制过渡，成果转化市场导向更加灵活

随着科技成果转化的市场化推进，公立机构科研活动与市场脱节较大的弊端逐渐显现，而通过依靠民营机制、强化市场导向建立起来的一批新型应用性研究机构，则具有高度的市场灵活性以及更强的市场导向。与政府包办的科技成果转化方式不同，民营类型的研究机构在运行中完全基于市场需

求，在项目选择中以应用性研究为主，在技术熟化中针对企业需求，通过专利技术转让、技术合作、技术入股、技术服务等方式，实现科技成果转化的市场价值。民营科研机构以企业的需求为导向，与科研院所建立有效的合作关系，在企业与科研院所间发挥着纽带和桥梁作用，主要通过技术的二次熟化，即通过技术的中试，在科研成果与企业之间架起桥梁，助推科技成果转化。这种科技成果转化方式不仅有效缩短了科研成果与产业化之间的距离，解决了科研成果转化的制约因素，提高了科技成果转化率，而且专业化的分工能够保证从研发到生产整个链条的协调、有序发展。

第三节　国家及内蒙古科技成果转化政策的演变

一、国家有关科技成果转化的制度

国家层面关于科技成果转化的政策体系主要包括法律、中央和国务院的有关规定以及相关的配套政策。法律层面，我国在 1996 年通过并颁布实施了《促进科技成果转化法》。2015 年 8 月，全国人大通过《促进科技成果转化法》的修正草案，修订后的《促进科技成果转化法》于当年 10 月 1 日正式施行。《实施〈中华人民共和国科技成果转化法〉若干规定》于 2016 年 2 月 26 日颁布实施，主要从促进研发机构、高等院校技术转移，激励科技人员创新创业，创造科技成果转化良好环境等 16 个方面对《促进科技成果转化法》进行了细化。《促进科技成果转化行动方案》于 2016 年 4 月公布，提出“十三五”期间，推动建设 100 个示范性国家技术转移机构，支持有条件的地方建设 10 个科技成果转移转化示范区，在重点行业领域布局建设一批支撑实体经济发展的众创空间，建成若干技术转移人才培养基地，培养 1 万名专业技术人才，全国技术合同交易额力争达到 2 万亿元。

部门配套政策体系主要包括：财政部、科技部颁布的《国有科技型企业股权和分红奖励暂行办法》，教育部、科技部颁布的《关于加强高等学校科技成果转移转化工作的若干意见》，农业部、科技部等颁布的《关于扩大种业人才发展和科研成果权益改革试点的指导意见》，中国科学院、科技部颁布的《中国科学院关于新时期加快促进科技成果转移转化指导意见》，最高人民检察院颁布的《关于充分发挥检察职能依法保障和促进科技创新的意见》等。

从政策内容看，国家有关科技成果转化的政策重点包括以下几方面：一是完善科研评价体系；二是完善成果处置、收益分配制度；三是加强科技成果信息服务；四是完善科技人员奖励制度；五是完善企业参与科研项目制度；六是推进产学研合作；七是建立技术交易和服务平台；八是加强金融支撑。

表 5-4　修订后《促进科技成果转化法》的主要内容

制度内容	新法的规定
完善成果使用、处置、收益制度	1. 国家设立的研究开发机构、高等院校对其持有的科技成果，可以自主决定转让、许可或者作价投资
	2. 转化科技成果所获得的收入全部留归单位
	3. 对完成、转化科技成果做出重要贡献的人员进行奖励后，主要用于研发与成果转化等工作
完善科技成果市场化定价机制	1. 应当通过协议定价、在技术市场挂牌交易、拍卖等方式确定科技成果价格
	2. 通过协议定价的，应当在本单位公示科技成果名称和拟交易价格
	3. 培育和发展技术市场
加大对科技人员的奖励力度	1. 按照市场经济条件下“约定优先”的原则，规定科技成果完成单位可以规定或者与科技人员约定奖励、报酬的方式和数额
	2. 没有规定或者约定的，按照法定标准给予奖励和报酬。大幅度提升对科技人员的奖励比例，从现行的不低于转化净收入和股权比例的 20%提高到 50%
	3. 国家设立的科研机构和高校在约定奖励比例时不能低于 50%
	4. 科技成果转化奖励、报酬不受当年本单位工资总额限制
加强成果信息发布和转化服务	1. 建立、完善科技报告制度和科技成果信息系统，向社会公布科技项目实施情况以及科技成果和相关知识产权信息
	2. 财政资金设立科技项目的承担者应当按照规定及时提交相关科技报告、科技成果和相关知识产权信息
	3. 鼓励非财政资金科技项目提交科技报告

续表

制度内容	新法的规定
充分调动各方面积极性	1. 赋予地方转化政策更大自主权
	2. 单位和个人约定转化
	3. 对部门等进行授权
建立在岗兼职和离岗创业的管理制度	国家设立的研究开发机构、高等院校科技人员在履行岗位职责、完成本职工作的前提下，经征得单位同意，可以兼职到企业等从事科技成果转化活动，或者离岗创业，在原则上不超过3年时间内保留人事关系，从事科技成果转化活动

此外，国家还出台了一系列促进高等学校科技成果转化的政策。如教育部科技部《关于加强高等学校科技成果转移转化工作的若干意见》（教技〔2016〕3号）、教育部办公厅关于印发《促进高等学校科技成果转移转化行动计划》的通知（教技厅函〔2016〕115号）等。

二、内蒙古有关科技成果转化的政策

在推动科技成果转化过程中，内蒙古将科技成果转化纳入国民经济和社会发展规划，将科技成果转化能力和实施效果列入对盟市、部门的年度考核内容。围绕科技成果研发、转化和处置收益等方面，先后出台了《内蒙古自治区促进科技成果转化条例》《内蒙古自治区科学技术奖励办法实施细则》《内蒙古自治区深化事业单位科技成果使用处置和收益管理改革的若干意见》《关于推进大型科研仪器及科研基础设施开放共享的若干意见》等政策性文件。

2017年1月，自治区政府发布《内蒙古自治区促进科技成果转移转化八项措施》。主要包括：自治区财政设立5亿元的科技成果转化专项资金，各盟市财政设立相应专项资金，主要用于科技成果转化引导、后补助、创新券、风险补偿等；国有企事业单位对其拥有的科技成果，可以自主决定采取转让、许可、作价入股等方式进行转化，科技成果转移转化收入全部留归单位；职务成果转化收益，对单位没有明确收益分配制度或合同约定的，按成果转让或许可取得的净收入、技术入股形成的股权不低于70%的比例，或自主实施转化成功投产后5年内每年营业利润不低于5%的比例给予奖励和报酬；事业单位科研人员在履行所聘岗位职责的前提下，到企业兼职从事成果转化、技术攻关活动，所得收入由个人与单位协商分配，也可带着科研项目和成果离岗创业，其期限以3年为一期，最多不超过两期。离岗期间，创业人员与原单位其他在岗人员同等享有参加专业技术职务评聘和岗位等级晋升的权利；在岗位考核、职称晋升中，科技成果转化应用与科技论文同等对待，横向课题与纵向课题同等对待。

表5-5　内蒙古促进科技成果转化政策的主要内容

法规政策名称	主要内容
《内蒙古自治区深化事业单位科技成果使用处置和收益管理改革的若干意见》	1. 事业单位对其拥有的科技成果，可以自主决定采取转让、许可、作价入股等方式开展转移转化活动，主管部门和财政部门对科技成果的使用、处置和收益分配不再审批或备案
	2. 科技成果转让、许可、作价入股应遵从市场定价，可以采用协议定价、市场挂牌交易、拍卖等方式确定市场价格
	3. 事业单位科技成果转移转化所获得的收入不上缴国库，全部留归单位，纳入单位预算，实行统一管理
	4. 事业单位要依据有关法律法规制定的科技成果转移转化收入分配和股权激励方案，明确对科技成果完成人（团队）以及为科技成果转移转化作出重要贡献的人员、技术转移机构等相关方的收入和奖励方式、奖励比例等
	5. 对科技成果完成人和为科技成果转化作出重要贡献人员的奖励，不受事业单位绩效工资总额限制，在单位工资总额基数以外单列
	6. 财政科技经费管理部门要改进完善科研组织管理方式，明确应用类科研项目承担单位的科技成果转移转化义务，并将科技成果转移转化和知识产权创造、运用作为科研项目立项和验收的重要内容和依据
	7. 事业单位应当按规定将上一年度科技成果转移转化情况（主要包括获得的科技成果情况、科技成果转移转化情况、收入及分配情况等）向主管部门报告
	8. 事业单位要进一步完善科技成果转移转化重大事项领导班子集体决策机制，优化科技成果转移转化流程，明确转移转化、科技成果报告、知识产权管理、资产管理、评价奖励等工作的责任主体，建立有利于科技成果转移转化的岗位管理制度。建立健全鼓励、规范科研人员创办企业的管理制度

续表

法规政策名称	主要内容
《内蒙古自治区促进科技成果转移转化八项措施》	自治区财政设立 5 亿元的科技成果转化专项资金，各盟市财政设立相应专项资金，主要用于科技成果转化引导、后补助、创新券、风险补偿等。在自治区科技成果网上交易平台实际技术交易额在 100 万元以下的按 10%给予补助，100 万元至 500 万元及 500 万元以上的分别按超额累进 5%和 3%给予补助。区内科研机构在网上交易平台转让技术成果，交易额在 500 万元以下的按 10%、500 万元以上的按超额累进 5%给予卖方后补助。自治区将采取政府首购、订购等政策，采购新技术、新工艺、新材料、新产品、新服务，支持科技成果转化
	国有企事业单位对其拥有的科技成果，可以自主决定采取转让、许可、作价入股等方式进行转化，科技成果转移转化收入全部留归单位
	职务成果转化收益，对单位没有明确收益分配制度或合同约定的，按成果转让或许可取得的净收入、技术入股形成的股权不低于 70%的比例，或自主实施转化成功投产后 5 年内每年营业利润不低于 5%的比例给予奖励和报酬
	事业单位科研人员在履行所聘岗位职责的前提下，到企业兼职从事成果转化、技术攻关活动，所得收入由个人与单位协商分配。也可带着科研项目和成果离岗创业，其期限以 3 年为一期，最多不超过两期。离岗期间，创业人员与原单位其他在岗人员同等享有参加专业技术职务评聘和岗位等级晋升的权利
	在岗位考核、职称晋升中，科技成果转化应用与科技论文同等对待，横向课题与纵向课题同等对待
《内蒙古自治区关于支持和鼓励事业单位专业技术人员创新创业的实施意见》	一、支持和鼓励事业单位选派专业技术人员到企业挂职或者参与项目合作
	二、支持和鼓励事业单位专业技术人员兼职创新或者在职创办企业
	三、支持和鼓励事业单位专业技术人员离岗
	四、支持和鼓励事业单位设置创新型岗位

自治区政府先后出台的法律条例，涉及科技成果转化的主要有《内蒙古自治区技术市场管理条例》《内蒙古自治区科学技术协会条例》《内蒙古自治区促进科技成果转化条例》《内蒙古自治区科学技术普及条例》等。

表 5-6　推动内蒙古科技成果转化的法律条例

序号	法规名称	效力属性
1	内蒙古自治区技术市场管理条例（1993 年 10 月 30 日自治区第八届人大常委会第四次会议通过，2004 年 11 月 26 日自治区十届人大常委会第十二次会议修正）	有效
2	内蒙古自治区科学技术协会条例（1997 年 4 月 4 日自治区第八届人大常委会第二十五次会议通过）	有效
3	内蒙古自治区促进科技成果转化条例（2000 年 10 月 15 日自治区第九届人大常委会第十九次会议通过）	有效
4	内蒙古自治区科学技术普及条例（2002 年 12 月 3 日自治区第九届人大常委会第三十三次会议通过）	有效

包头市制定了促进科技成果转化条例、专业技术人员继续教育条例、稀土高新技术产业开发区条例、科学技术普及条例。三个有立法权的自治旗在各自的自治条例和单行条例中对搞好科学技术普及和实用技术的推广应用，保护知识产权，设立科学技术发展基金等方面做出了规定。

第四节　科技成果转化的误区

从 20 世纪 80 年代中期开始，国内关于科技成果转化的讨论持续不断。但是，对于科技成果转化的认识，目前还存在一些误区，特别是有些研究片面地以发达国家的有关情况为参照进行比较研究，导致对于科技成果转化认识上的混乱，因此有必要进行讨论和予以澄清。

一、科研成果是否具有转化的价值

目前，我国有一大部分的科研成果并不具备转化的价值。尽管发表了论文甚至申请了专利，但是这些论文、专利中提出的原理、算法或者方法可能对生产实践无法产生预料的结果。造成这一现象的原因是多方面的，例如，科研过程中脱离应用使成果没有可转化的价值。在应用基础研究过程中，应立足于应用需求，但由于大多数科研人员没有和应用一线的紧密联系，使研究的所谓科学问题往往跟实际情况有一定的距离，要么过于超前，要么条件限制太大，要么当前不具备应用的可能性，等等。再如，科研成果的系统性不足使成果不具备商业转化价值。一项具体应用需要一整套系统性的解决方案，在科研过程中，研究者的研究方向大多集中在热门领域，这也使研究的成果集中在相应的领域，而其他配套的相关研究成果未能得到及时跟进，造成了热门领域的研究成果被搁置或者无法转化。

二、科研成果是否由持有人转化

由于科技成果的转化能够为研究者带来一定的经济效益，这就致使一部分科技成果的持有人主张自行进行成果转化，但从实际操作和转化效果来看并不理想。这其中的主要原因有两方面：一方面是实验室中的科研成果与成果转化应用存在很大的差别，并且成果转化又存在一定的风险。部分科研成果处在初始阶段或者理论阶段，还不具备转化的条件。另一方面，科技成果转化还讲求时效性，成果持有者由于缺少相应的资金、渠道等支持，延长了科技成果转化的周期。此外，无论推进科技成果转化的主体是否为科技成果的持有者，都要兼顾好持有者的权益，保证科研人员的积极性。

三、科研成果转化中自然人及其单位的关系

在科研成果转化的过程中，成果持有人和所在单位的关系是影响科技成果转化的一个重要因素。国家把在行政事业单位从事科学研究而产生的成果定位成职务发明，该成果的转化需要征得单位的同意，并且单位具有主导权，而实际发明人本人的收益却很小。单位的参与使成果转化的过程变得复杂，最终可能导致成果转化的失败。例如，在与企业进行技术合作的过程中，由于成果持有人所在单位缺少对市场规律的认识，使单位对科研成果转化效益的定位不在商业价值而在于单位的其他效益，造成合作不畅。再如，

在对某一项技术可以进行转化时，企业进行大量投资，但由于技术成果持有人既不是管理者，也不是单位利益的代言人，使成果持有人在转化前后只得到了少量的额外工资，这严重挫伤了持有人的积极性。

四、企业是否具备转化的能力

企业是创新的主体，是推动科技成果转化的重要力量。对大型国企，一般情况都下设研究机构，并配套一定数量的科研人员。但部分国企的科研人员的研发能力不足且很难有成熟的成果用来转化，这些国企往往会通过采购的形式推进科技成果转化或者直接购买某项技术获得专利进行进一步的开发。对大部分中小企业来说，由于缺少懂创新、懂转化的科技人员和高精尖领军人才的支撑，加之科技成果转化存在一定风险，使中小企业在促进科技成果转化方面存在或多或少的困难。

五、科研和生产实践之间是否有良性循环

在很多情况下，科学研究单位和社会生产实践单位之间仍然是本质脱离，即便个别技术被转化成功，获得的价值很小，而购买技术的单位并没有持续投资使原本先进的技术逐渐变成了落后技术，科研和生产实践的良性互动并没有形成。一方面，科研人员希望获得企业的资助，但是又缺乏与企业沟通的更好的渠道和平台；另一方面，在科研成果不能较好地满足企业需求的情况下，企业也未能组建高水平团队进行深入研究，或投资某个研究团队。这种供需之间矛盾的存在或者科研和生产实践脱离，就会影响成果转化的进程和效率。

第五节　推进科技成果转化的总体构想

内蒙古在科技成果转化等方面处于全国较低水平，发展优势很不突出，

主导产业转型升级、新兴产业的发展都受到了转化水平不高和转化人才少的制约。今后一个时期，要将促进科技成果转化作为内蒙古加快推进转型升级，协同推进新型工业化、信息化、城镇化、农牧业现代化和绿色化的重要路径，强化技术、资本、人才、服务等创新资源的深度融合与优化配置，强化科技成果转移转化的协同推进，建立符合科技创新规律和市场经济规律的科技成果转移转化体系，促进科技成果资本化、产业化，形成经济持续稳定增长的新动力，力争2020年进入创新型省份行列，为建设祖国北部亮丽风景线提供强大支撑。

在创新类型的选择上，内蒙古要着力构建引进、消化吸收再创新机制，从供给侧角度增强产业链能力，提高产品质量与水平；选择适合的创新形式培育壮大新兴产品及业务，集聚创新要素推进传统产业集群向战略性新兴产业集群转变；完善技术合作共享机制，促进创新链与传统产业链融合，推动新兴产业与主导产业协同发展。

要全面统筹，把握好“三个主体，三种体系，五项原则，七大路径”。

一、处理好政府、科研院校、企业三个参与成果转化主体之间的关系

以科技成果转化为核心内容，政府、科研院校、企业都是科技成果转化的受益者，企业得到的直接利益最多；但是承担的风险最大；政府可以得到较大的社会经济效益，但是较为滞缓；科研院校在成果转化方面则较为被动，成果转化失败对其产生的冲击和影响最大。

因此，科研院校、企业在制定决策时，都更趋向于对自身有利的决定，这往往容易使多方陷入僵局，其合作也容易流于形式。鉴于政府具备的公益性和监管职能，要打破僵局，须由政府率先出面，引导各类技术转移服务机构发挥作用，推动科技成果等创新资源与大学科技园、孵化器、众创空间等方面进行对接，建立信息发布和成果对接的信息服务系统等，破除利益藩篱，引导科研院校与企业更加平等有效的接洽，缓解科研院校与企业的压力与困境，促成各方真正深度合作，使各方合作形成合力，产生协同效应，共同促进科技成果转化。

二、健全科技成果转化法规体系、科技成果转化风险防控体系、知识产权定价体系三种保障体系

首先要健全科技成果转化法规体系，发挥政府有形之手的引导作用。通过健全法规体系，规范市场秩序，建立“政府引导、市场运作、企业主体、社会参与”的转化机制，使整顿科技成果转化过程的经济秩序、整治中介过度包装的欺诈行为有据可循、有理可依。其次要建立涵盖科技成果转化全过程的风险防控体系，有效抵御其过程中的风险。积极防范技术风险，对技术本身的适用性、可行性以及完整性做出科学的分析判断，重点防范投资风险。在整体制度安排上，具体从融资风险、项目运营风险、后期资金获得风险等方面制定细化方案。最后要建立和完善知识产权的定价体系，促进各方利益的合理分配。完善科技成果市场标的物的定价体系，为各方利益分配提供有效的程序规范和支持，进一步完善技术人员参与职务成果获利的分配机制，提升技术人员从事成果转化的积极性。

三、把握五项原则

（一）坚持以转化促转变

把提升产业层次、优化经济结构作为科技成果转化的主攻方向，把推动绿色发展、循环发展、低碳发展作为科技成果转化的重要着力点，突出以核心技术和关键技术装备为主的消化吸收再创新，加强以重大产品、自主品牌、科技名牌和新兴产业为主的集成创新，重视以挖掘潜在优势和培育领先学科专业为主的原始创新。

（二）坚持改革创新

完善自治区科技管理体制，创新工作体制和机制，探索推进创新改革试验，营造良好的知识产权法制环境、市场环境、文化环境和社会环境，推动企业提质增效、产业转型升级。推进政府职能转变，发挥好财政科技投入的引导激励作用和市场配置各类创新要素的导向作用。加强管理创新和统筹协调，对科技项目和资金管理各环节进行系统化改革，以改革释放创新活力。

（三）坚持放开搞活

把人才作为创新的第一资源，破除一切束缚人才的制度枷锁，更加注重培养、用好、吸引各类人才，以比发达地区更为优厚的条件吸引人才；更加注重强化激励机制，给予创新人才更多回报；破除干部使用的藩篱，培养一批选拔政治过硬、业绩突出、德才兼备的科技干部队伍，让一切创新活力竞相迸发，让一切创造社会财富的智慧源泉充分涌流。

（四）坚持从科技供给和市场培育两个方面同步发力

发挥市场配置创新资源的决定性作用，强化企业创新主体地位和主导作用，促进创新要素合理流动和高效配置。加强知识产权政策支持、公共服务和市场监管，着力构建公平公正、开放透明的知识产权法治环境和市场环境，促进大众创业、万众创新。把激发和调动广大科技人员转化的积极性作为重点。在“双创”中鼓励科研人员自己创业或者和其他企业联合创业，产、学、研结合等各种方式促进成果转化。

（五）坚持开放合作与区域协同相结合

融入国家创新体系，汇集全球创新资源，打造区内外联动的科技成果产业化全链条服务体系。加强与京津冀、东北经济圈城市在创新资源、信息与服务的协同发展，有力支持以科技创新为动力的经济发展模式。

四、突出七大路径

具体而言，可以从“政产学研用融合、完善法制保障体系、创新科技管理体制、人才保障、商业模式、构建风险防控机制和搭建支撑平台”七个方面入手，提高成果转化推广能力。

第六章　政产学研用融合推动科技成果转化

政产学研用融合不仅是提升企业竞争力的有效途径，也是促进高校和研究院所转化自身研究成果的有效途径，更是提升一个地区科技创新能力的有效途径。政产学研用融合效率的高低对于企业和社会的发展来说至关重要，提升产学研融合的效率对于企业、高校、科研院所来说迫在眉睫。内蒙古自实施产学研融合以来一直积极努力促进产学研融合的发展，产学研融合也成为促进内蒙古地区经济发展，结构优化的动力因素之一。

第一节　从产学研融合到政产学研用融合

国务院颁布的《国家中长期科学和技术发展规划纲要（2006~2020年）》中提出："高校要牢固树立主动为社会服务的意识，全方位开展服务。推进政产学研用结合，加快科技成果转化。"随着中国产学研合作教育进入一个新的发展阶段，政产学研用结合的提法得到了高等学校的广泛认可并达成高度共识，逐步探索形成了合作育人、合作办学、合作就业的科技成果转化模式。

政产学研用合作体系较之传统的产学研合作体系而言，尤其突出的是将"政""用"二字引入其中。"政"字主要指政府和政策，政府起到主导作用，加强宏观管理，营造有利于产学研用紧密结合的政策环境。而"用"字主要指应用和目标用户，突出市场的导向作用，强调成果要及时转化、应用推广，不但能减少技术创新的盲目性，缩短新产品从研究开发到进入市场的周期，而且能有效降低技术创新的风险和成本。政产学研用合作体系是以政府起主导作用，以企业为主体，以市场为导向，政产学研用紧密结合。通过整合政府、高校、企业、科研机构等各方面的力量和资源，同时围绕市场需求，在各个不同主体间形成有效互动，强强联合，各得其所（见图 6-1）。

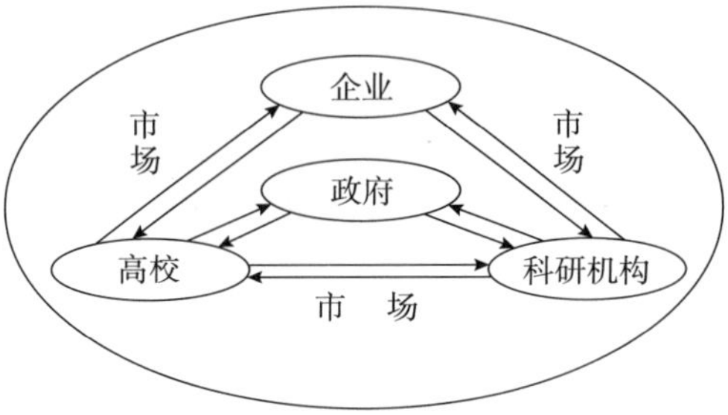

图 6-1　政产学研用结构

案例一：中国高校技术转移联盟

中国高校技术转移联盟成立于 2016 年 10 月 25 日，由教育部科技发展中心联合北京大学、清华大学、上海交通大学等 85 所高校及相关国家技术转移示范机构在山东德州召开成立会议，会议期间讨论通过《联盟章程》，中国高校技术转移联盟宣布成立，会议讨论通过了《联盟章程》，推举产生了理事长、副理事长、秘书长、副秘书长、办公室主任人员。会议期间，教育部科技发展中心中国技术供需在线举办了高校科技成果项目推介对接会，来自德州市经济技术开发区的 100 多家企业代表，就遴选后的高校 400 多项科技成果进行对接洽谈，现场达成合作意向 20 余项，效果显著。

案例二：中国技术转移联盟

2016 年 5 月 24 日，由科技部火炬中心指导、上海市科委主办、上海市科技创业中心和国家技术转移东部中心共同承办的国家技术转移区域中心工作推进现场会在上海湾谷科技园举行。为了汇聚各区域技术转移中心的力量和资源，更好地承担国家技术转移区域中心在自主创新、推动生产力结构调整变革中的历史使命，由国家技术转移东部中心牵头，11 家国家技术转移区域中心在会上发表了中国技术转移联盟倡议书，提出通过有效的联盟机制，凝聚政府、产业界、金融界、学术界以及社会各界的共识与合力，突破原有界限、壁垒，汇聚全国创新资源，促进人才、知识、技术、资本、服务等创新要素的跨区域流动和无缝对接，共同培育推进中国经济转型升级的新动能。通过联合市场攻关与转化、共享信息与人才、开展技术转移综合服务、国际交流与合作等手段，促进各地产学研用合作，促进技术市场优势互补、互利共赢，激发创新驱动发展的内生动力，在互惠共赢的基础上协同创新，培育新的经济增长点。

上海技术交易所成立至今已有23年，一直以来扮演着连接科研和生产的桥梁和纽带。正值上海建设科创中心两周年之际，上海技术交易所由事业单位改制为企业化运作，将建立“市场导向的创新型体制机制”，成为专业化、市场化、国际化的技术交易机构。改制后的上海技术交易所将全力打造技术与资本高效对接的服务平台，以技术金融产品、技术众筹、技术证券化等多样化的技术交易模式为技术成果转移转化、科技成果产业化注入新的活力与生命力，实现科技与经济更加紧密的结合。

“十二五”时期至今，在科技部火炬中心指导下，我国已初步形成了国家技术转移集聚区、国家技术转移南方中心、国家技术转移东部中心、国家技术转移中部中心、国家技术转移西南中心、国家技术转移西北中心、国家技术转移东北中心、国家技术转移海峡中心、国家技术转移苏南中心、国家技术转移郑州中心、国家海洋技术转移中心11家国家技术转移区域中心的“2+n”总体格局，在探索技术转移服务模式、服务区域科技成果转化等方面发挥了巨大作用。

第二节　内蒙古政产学研用融合现状

近年来以内蒙古自主创新平台的三大主力军（高校、科研院所、企业）为依托，产学研融合逐步展开，迅速发展，合作氛围良好，对科技人才的培养起到一个很好的促进作用。高新技术产业产值由2000年的33亿元增长到2015年的1806.33亿元，年均增幅达30%以上。全区已经建立院士专家工作站达到69家，柔性引进院士81名，院士专家团队480名，开展科技合作项目140多项，覆盖煤炭、钢铁、矿产、装备制造业等优势领域。并以此为依托，培养了大量的具有较强技能的高科技产业人才。近年来，内蒙古的产学研融合在加强与区外大学、企业、一流研究机构合作以及通过产学研融合培育高科技产业人才等方面表现较为突出。

案例一：共建联合实验室

在产学研结合的基础上，高校与企业可以优势互补，取得共同发展。因此，高校与企业共建联合实验室，融基础研究、技术开发、技术转让和技术服务于一体，是产学研结合的一种范例。

内蒙古自治区各高校的联合实验室建设，取得了一定的成绩。其中尤以内蒙古农业大学的乳品生物技术与工程实验室及内蒙古大学的高分子化学及蒙药研究所突出。内蒙古农业大学的乳品生物技术与工程实验室是教育部重点实验室，下设 1 个中试车间和 3 个研究室，具有总面积为 3500 平方米的实验室和 1200 平方米的中试车间，仪器设备总价值 3500 万元，可为乳品工业化生产前提供中间试验数据，同时也为国内外乳品企业提供中试条件，并与伊利集团等企业进行了互相合作与交流。

内蒙古大学高分子化学及蒙药研究所，2003 年被自治区科技厅确立为“内蒙古自治区蒙药化学重点实验室”。实验室立足于开发具有自主知识产权的创新药和现代蒙药研发工作，先后与日本圣玛利安娜医科大学、内蒙古双奇药业、内蒙古医学院等 10 多所高校和科研机构建立了交流与合作关系。

案例二：校办产业：产学研结合的结晶

校办企业的建立往往以校内院系的科研成果为发端，以院系的科研力量为依托，能够不断创新，蓬勃发展。同时，产业的发展也需要科学研究不断进步，并且能回馈学校、支持学校的教学、科研。在产学研结合的过程中，内蒙古自治区的高校以各种形式创办了一系列的校办产业。

内蒙古科技大学的冶金工程技术研究中心由内蒙古科技大学材料与冶金学院、内蒙古自治区冶金工程重点实验室、冶金研究所、包头博益公司及包头联方公司等单位组成。其中，内蒙古自治区冶金工程重点实验室主要承担基础实验研究工作；材料与冶金学院及冶金研究所的成员作为冶金工程研究中心的主体，承担相关技术开发工作；内蒙古科技大学的高科技公司——包头博益公司及包头联方公司作为中心的试生产基地，承担产品的生产和技术推广工作。

内蒙古农业大学机械厂是内蒙古农大校办科研开发企业，是内蒙古农大的教学、科研生产基地，机械厂充分利用学校的综合优势，以内蒙古农业大学农业工程成套设备研究所和饲草料机械工程研究所为技术依托，研究、设计、开发并批量生产了“金穗”牌系列铺膜播种机械等新型农牧业机械，销往天津、陕西等周边省区，成为华北地区知名品牌。

内蒙古工业大学则成立了内蒙古工大阳光环保节能有限责任公司、内蒙古工大华远化学工程有限责任公司、内蒙古工大华远化学工程有限责任公司、内蒙古工大建筑设计有限责任公司、内蒙古鹤立监理有限责任公司等一系列校办产业，积极协助科技部门进行科研成果在校属企业中的转化及产业化。

深化与央企合作，为内蒙古推进技术创新注入新的发展活力。近年来以煤制油、煤制烯烃、煤制二甲醚、煤制甲烷气、煤制乙二醇等新型煤化工技术随着央企落户被引入内蒙古，相继建成投入运营，并相继建成了一大批研发中心和重点实验室，使得内蒙古煤炭清洁高效转化利用取得突破性进展。

注重利用全国的人才和平台资源。近年来，内蒙古绝大部分高水平的研发成果是与区外单位合作取得的。京蒙、粤蒙、鲁蒙科技合作从单纯产学研融合，向“产学研+产供销”一体合作转变。2015 年自治区引进区外技术 2157 项，投入引进技术资金 174.57 亿元。2015 年，京蒙（赤峰）、京蒙（锡盟）科技合作对接洽谈会，150 多家企业、养殖合作社、示范大户与北京 100 家科研机构、高校、科技型企业进行现场交流洽谈对接，对接成功率达到 50%以上。近几年来，内蒙古的人才培养也较注重以产学研融合模式来搭建引才引智平台。

产学研战略联盟模式已有初步发展。目前，内蒙古已形成稀土联盟、马鹿联盟、沙产联盟、马铃薯联盟、地下煤气化联盟、新能源、煤炭深加工、乳业、蒙药、机械、化工、冶金、建材、绿色农畜产品、智能电网 15 家产学研战略联盟。

案例三：呼和浩特政产学研用结合助力“五大产业”发展

在“十二五”期间，中央、自治区、呼和浩特市三级政府累计投入财政科技经费超过 11 亿元的基础上，呼和浩特通过出台《创新奖励扶持资金实施方案》《创新投资引导基金项目优选工作实施方案》等举措，助力以乳业为核心的绿色食品，以光伏材料为龙头的新材料，以大数据为主的云计算，以创业创意创新为核心的文化旅游，以新能源汽车、组件制造为代表的先进制造业“五大产业”发展。

关键共性技术作为制约相关产业持续健康发展的“瓶颈”，由于研究难度大、投入多、周期长，不易出成果，不少机构更愿意把经费投入到见效快的领域。呼和浩特也不例外，为解决企业创新能力弱、高校创新政策优惠少、高校与创新者利益关系不明晰、高校与企业利益分配欠平衡等问题，市政府进一步加强政产学研用结合，先后与中国科学院北京分院、内蒙古工业大学、内蒙古农业大学签署全面科技合作协议，建立了长期院地、校地合作机制，与自治区教育厅、科技厅签署厅市产学研协同创新科技合作协议，发布《厅市产学研协同创新专项资金使用管理暂行办法》，并设立专项经费，激励首府人才优势和智力资源在本地转换、产业化。

聚焦重大科技创新需求，集中突破产业发展“瓶颈”。于 2016 年 5 月颁布实施的《呼和浩特市创新奖励扶持资金实施方案》中进一步明确了无偿资助和贷款贴息项目种类，《呼和浩特市创新投资引导基金项目优选工作实施方案》对于农业类、工业类、服务业类专项资金的使用也作了进一步明确。

案例四：呼和浩特市新城区建立校地战略合作关系

近年来，呼和浩特市新城区推动实施“四大行动、六大工程”，先后与内蒙古党校、内蒙古行政学院等院校签署战略合作协议，新城区将作为院校的现场教学基地，配合学校进行一些现场教学任务。同时，院校也将充分发挥教育资源优势，在新城区区域经济发展、民生改善、社会管理、城乡一体化建设等领域给予指导，形成优势互补、资源分享、互利“双赢”的良好局面。

近年来，内蒙古涌现出不少政产学研用融合亮点。包头市充分发挥包头稀土研究院、稀土高新区和留学生创业园等平台功能，积极“招商引智”，人才集聚通过产业集聚得以实现。截至目前，全市共培养和集聚1500多名高层次稀土科研人才。为了解决企业创新能力弱、高校创新政策优惠少、高校与创新者利益关系不明晰、高校与企业利益分配欠平衡等问题，呼和浩特市政府进一步加强政产学研用结合，先后与中国科学院北京分院、内蒙古工业大学、内蒙古农业大学签署全面科技合作协议，建立了长期院地、校地合作机制，与自治区教育厅、科技厅签署厅市产学研协同创新科技合作协议，发布《厅市产学研协同创新专项资金使用管理暂行办法》，并设立专项经费，激励首府人才优势和智力资源在本地转换、产业化。鄂尔多斯市利用高校院所科技资源，合作建成了紫荆创新研究院、武汉理工大学鄂尔多斯研究院、乌审旗高分子材料产学研合作基地等一批科技创新研究机构。全市建成院士专家工作站9家，柔性引进院士12位，带动引进研发团队132个。编制《鄂尔多斯企业技术需求》，已有60余个技术难题与科研单位实现对接。拓展国际科技合作，获批国家清洁能源国际创新园，建成国家国际科技合作基地和自治区首家外籍院士专家工作站，与英国诺丁汉大学建立合作关系，推动产学研合作成果丰硕。

但是，内蒙古政产学研用融合依然存在不少弱项与障碍：多数企业缺乏创新意识及成果转化能力。相关统计资料显示，2016年内蒙古规模以上企业拥有网站数5703个，有近一半没有建立自己的研发机构，处于结构调整中的大中型企业由于机制陈旧和产权不明晰等，成果转化意识淡薄。企业更注重厂房、设备等有形资产投入，忽视技术、人才等无形资产投入。内蒙古大多数企业对产学研融合认识不足，不愿与高校和科研院所组建产学研战略联盟，更倾向于直接购买一些技术成熟的项目，对开发周期长、有较高难度的项目，往往害怕承担风险，不敢投资。

企业、高校和科研院所信息沟通不畅。企业、高校和科研院所之间建立良好的信息沟通，既有利于企业针对自身技术需求及时寻找到从事相关技术研究的高校或科研院所，也有利于高校和科研院所为技术成果转化寻求可合作的企业并了解企业发展状况。高校和科研院所为了提高自身科研成果的转化率，应针对企业的技术需求展开科研活动，但内蒙古不少高校和科研院所的研究与企业需求脱节。内蒙古自治区有高等院校 50 所，科研院所 100 余所，产学研合作方面是有基础条件的。但是，内蒙古企业与高等院校和科研机构取得长期性合作的情况较少，大多以短期和较为简单的技术为主。自治区境内的科研单位面向市场科技成果的成熟度较差、转化难。由于受到原有体制和固有观念的制约，往往使自身的科研行为与市场需求存在一定的距离。许多成果停留在论文、实验室成功、原理样机和研究报告的水平，对成果能否转化并产生经济效益考量不够，造成了科研与市场的脱节。

多数政产学研用合作缺乏长期性和稳定性。内蒙古已有的产学研合作大多都缺乏长期性和稳定性，技术创新合作还难以上升到战略高度。目前，鄂尔多斯市企业已与清华大学、中科院、中国工程院、山东科技大学、中国矿业大学等国内多所大学、科研机构建立了合作关系。引进高层次科研人才 200 多人，引进和转化高科技科技成果 100 多项。但鄂尔多斯市与高等院校、科研院所的合作大多是单个项目的研发或攻关，项目结束后，这种合作关系大多也就随之解除。

第三节　内蒙古政产学研用融合的主要方向

总的来看，内蒙古大学、研究机构、企业尚未形成协同效益，创新机制。产学研机构不仅面临经费不足，同时已有的成果“待嫁闺中”，无法深入市场。今后，内蒙古在推动政产学研用融合的过程中，可以考虑从以下几方面进行突破：

一、建设科技成果中试与产业化载体

鼓励企业牵头、政府引导，面向产业发展需求开展中试熟化与产业化开发，提供全程技术研发解决方案，加快科技成果转移转化。支持围绕区域特

色产业及中小企业技术创新需求，建设通用性或行业性技术创新服务平台，提供从实验研究、中试熟化到生产过程所需的仪器设备、中试生产线等资源，开展研发设计、检验检测认证、科技咨询、技术标准、知识产权、投融资等服务。提升整合科技成果中试载体。依托驻蒙的国家级重点实验室、工程实验室、工程研究中心、企业技术中心等创新载体，面向产业发展需求，提升整合为中试熟化载体，推进先进技术项目进一步熟化，加速在内蒙古的产业化。

经验借鉴 6-1：中试基地成为山东省科学院科技成果的孵化器

1998 年，经国务院批准，山东省科学院高新技术产业（中试）基地（以下简称中试基地）成为济南高新技术开发区科技园和高新技术孵化器；1999 年，经省编委批准，在中试基地成立山东省科学院留学人员创业园；2000 年 11 月，经省政府批准，在中试基地成立中国—白俄罗斯高科技园；2007 年 11 月，中试基地被科技部授予“国际科技合作基地”。

一直以来，中试基地按照“开放、合作、服务”的原则，建立了开放式实验室、标准化中试车间，为科技研发与成果转化创造了良好的基础条件，为社会各界开展科研小试、中试放大、产业孵化等提供了系列优质服务。到 2013 年，已有省科学院院部、中日友好生物技术研究中心等 8 家独立核算的科研及管理单位或其研发部门入驻中试基地，并有经省科技厅批准建设的山东省应用微生物重点实验室、山东省生物质气化技术重点实验室、山东省光纤传感技术重点实验室、山东省计算机网络重点实验室等众多重点实验室落户于此。目前，在山东省科学院六个泰山学者岗位中，也有光纤传感工程技术研究、大型干燥节能技术与装备、汽车电子技术研究与应用、轻质高强材料设计与制备四个岗位进驻中试基地，多名泰山学者特聘专家教授和泰山学者海外特聘专家经常或长期在此工作。

目前，园区入驻单位的研究开发、科技服务和产业推广涉及了基因药物、工业微生物、农业生物、生物电子、太阳能、秸秆气化、网络安全、网络控制、光纤传感、汽车电子、热能干燥等多个领域。另外，基地建成提供的专家公寓、学术报告厅等也为专家来访进行学术交流和科研团队进行封闭科研攻关提供了良好的条件。

二、推动企业加强科技成果转化应用

鼓励企业与高校、科研机构联合建立实验室或研发中心。根据有关规定，允许区属国有企业按规定以协议方式转让技术类无形资产，采用许可使用方式转化科技成果，试行国有企业科技成果转移转化所得收入作为企业上缴利润抵扣项。鼓励企业利用银行贷款开展技术改造并给予贴息资助。落实财政支持政策，鼓励企业使用首台（套）重大技术装备，带动创新产品规模化应用。对与科技成果转化相关的技术开发、技术咨询、技术服务、技术培训、技术承包、技术中介等活动费用给予一定支持。鼓励企业在互联网、稀土新材料、新能源、新一代信息技术、煤炭清洁高效利用、高端装备制造等战略性新兴产业，以及智能工厂、智慧牧场、智慧农田、智慧城市等未来产业领域，转化应用一批国家科技成果包技术。鼓励运用云计算、大数据等新一代信息技术，积极开展科技成果信息增值服务，提供符合用户需求的精准科技成果信息，推动科技成果包转化应用。

经验借鉴 6-2：自研芯片“麒麟”让华为获得市场优势

近年来，国产手机厂商迎来了集体的爆发，尤其是华为，不但成为国内手机市场最大的厂商，而且国际市场也开始崭露头角，根据 IDC 的市场调研数据，华为手机 2016 年前三个季度智能手机出货量均稳居全球第三，已然成为全球第三大手机厂商。华为手机快速发展的秘诀就在于不断加大对手机芯片的研发投入与推广应用，通过抢夺技术主导权夺取市场话语权。

起初华为宣布坚持自研手机芯片引起了不少争议，当时多数人都是抱着质疑的态度。实际上，在“麒麟”处理器芯片推出之前，华为已经在 IC 芯片行业积累长达 20 多年的历史，同时在移动端发力也有 10 年历史。华为坚持自研芯片，其实是战略布局的胜利。“麒麟”芯片可以让华为自给自足，摆脱供应链的限制，方便产品研发和优化，长远来看甚至还有可能成为品牌的核心优势。2017 年年初的时候，华为“麒麟”950 芯片在西班牙巴塞罗那举办的 2016 世界移动通信大会上获得了“GTI 创新技术产品奖”，这是对“麒麟”950 芯片在 4G LTE 终端技术创新方面做出卓越贡献的肯定。

三、增强高校和科研机构科技成果转化动力

高等院校、科研院所应设立科技成果转移转化工作机构，建立符合科技成果研发转化特点的内部激励制度。鼓励设立一定比例的流动岗位，聘请有创新实践经验的企业家和企业科技人才兼职从事教学和科研工作。建立高校和科研机构、企业协同创新机制，推动科研成果与内蒙古产业、企业需求有效对接。依托高校和科研机构，开展科技成果转移转化平台建设试点，完善科技成果转化激励机制，允许按规定协议确定科技成果交易、作价入股的价格；提高科研人员职务成果转化收益比重，根据有关规定和借鉴其他省市经验，科技成果贡献人员和团队的收益占成果转让收益的比例提升至70%以上，事前有约定的，按约定执行。支持高校成立科研成果孵化基金，为高校科研成果转化提供支持。支持大学科技园、留学生创业园、软件园、创新创业孵化器完善科技成果转化和中小企业孵化机制，全方位提升成果转化和技术创新水平。研究制定高校和科研机构与内蒙古企业（产业）互动发展评估指标体系。

经验借鉴6-3：河北省印发《河北省促进高等学校和科研院所科技成果转化暂行办法》

2015年12月，河北省印发了《河北省促进高等学校和科研院所科技成果转化暂行办法》，公布包括“改革科技成果类无形资产处置方式、深化科技成果转化收益分配改革”等在内的十条新政，旨在打破科技成果转化樊篱，让更多创新成果成为发展驱动力。

这“十条新政”主要内容包括：授予高校、院所研发团队或成果完成人科技成果的使用权、经营权和处置权。高校、院所研发团队在河北实施科技成果转化、转让获得的收益，其所得不低于70%；省内高校、院所科技人员离岗创业，3年内保留原有身份和职称，档案工资正常晋升。凡到省级以上科技企业孵化器或大学生创业孵化基地创业的在校大学生，办公用房两年内免交租金，并可享受本省公共租赁住房政策待遇。鼓励高校、院所面向产业发展需求，与企业联合开展科技创新，共建产业技术研

究院等；高校、院所在河北建立技术转移分支机构和产业化基地、开展技术转移和成果转化，可优先入驻省级以上高新区和开发区，优先安排建设用地等；采取后补助、配套、股权投资、奖励等方式，支持高校、院所科技成果资本化、产业化；以政府购买服务、后补助、奖励等形式，支持科技中介发展等。

经验借鉴 6-4：广西师范大学促进科技成果转化的经验做法

为加强科技成果的管理与应用，提升科研人员的研发与成果转化热情，2016 年，广西师范大学修订了《广西师范大学科研成果管理办法》（以下简称《办法》），其中很多关于促进科技成果转化的做法值得国内其他高校学习借鉴。

《办法》规定，转化科技成果所获得的收入全部留归学校，95%用于对完成和转化职务科技成果作出重要贡献人员以及技术转移机构的奖励和报酬，5%用于学校组织管理等工作开支。以科技成果作价投资的，将该项科技成果作价投资股份或者出资比例的一部分，给予科技成果研发团队和完成人股权奖励的。

《办法》提出，学校科技人员在履行岗位职责、完成本职工作的前提下，经征得学校同意，可以兼职到企业等从事科技成果转化活动，或者离岗创业，在原则上不超过3年时间内保留人事关系，从事科技成果转化活动。离岗创业期间，科技人员所承担的国家科技计划和基金项目原则上不得中止，确需中止的应当按照有关管理办法办理手续。

四、推动自治区军民科技成果融合转化应用

积极扩大科技成果转化应用范围，建立国防科技工业成果信息与推广转化平台，研究设立国防科技工业军民融合产业投资基金，支持军民融合科技成果推广应用。梳理具有市场应用前景的项目，发布军用技术转民用推广目录、“民参军”技术与产品推荐目录、国防科技工业知识产权转化目录，完善国防科技成果转化机制，在妥善保护国家机密的前提下，实施军工技术专项推广计划，推动国防科技成果向民用领域转化应用。以包头市申报成为国家级军民融合改革创新示范区为契机，创新军民融合体制机制，在全国发挥

好示范带头作用。建设军民科技成果融合载体，依托东风航天城、稀土高新区、北重集团、一机集团、二机集团、中核北方燃料元件公司，在阿拉善盟、包头市、乌兰察布市等地创建国家军民融合创新示范区。依托区内高校及科研机构，联合区外科研机构，组建军民融合创新研究院，推进军民两用技术研发与科技成果转化。支持企业承担国家军民融合重大专项计划项目或与军工单位开展研发合作，根据有关规定，对承担军工科研项目的企业按照项目合同金额给予最高35%的资助，最高资助500万元。参与发起国家军民融合产业发展基金，共同搭建军民融合项目投融资平台。

五、构建多种形式的产业技术创新联盟

围绕内蒙古自治区“云计算”“互联网+”等重点产业发展战略以及区域发展战略部署，发挥行业骨干企业、转制科研院所的主导作用，联合上下游企业和高校、科研院所等构建一批产业技术创新联盟。围绕产业链构建创新链，推动跨领域跨行业协同创新，加强行业共性关键技术研发和推广应用，为联盟成员企业提供订单式研发服务。支持联盟承担重大科技成果转化项目，探索联合攻关、利益共享、知识产权运营的有效机制与模式。建立面向区域产业集群发展需求的开放性产业研究院，推动建立民营应用型研究中心。

第七章　完善法制保障科技成果转化

科技成果转化是科技创新的重要组成部分和必经过程。但是，内蒙古的科技成果转化工作仍存在一些问题。这些问题主要来自两方面：一方面，科学研究工作与科技成果的转化工作脱节。科研机构只是负责研究工作而忽视了科技成果转化活动，使得很多可以转化并且可能具有重大经济效益的研究成果被束之高阁。这种现象背离了科学研究的出发点，造成了不必要的社会资源的浪费，大大减慢了我国科技发展的步伐。另一方面，由于市场机制不健全，科技成果转化进程中的许多法律问题得不到解决，严重阻碍了科技创新事业的发展。鉴于这种状况，国家出台了《促进科技成果转化法》，自治区出台了《促进科技成果转化条例》，2017 年 1 月，《内蒙古自治区促进科技成果转移转化八项措施》出台。

第一节　法制保障对推进科技成果转化的意义

科技成果转化涉及政府、科技成果供给方、科技成果需求方、技术交易所、中介组织、行业协会甚至个人等，其之间的责、权、利的分配和关系需要法律法规和一些配套措施进行规范，否则，就会影响科技成果转化的积极性和效率。从国内外的经验来看，加强法制保障对调动科技成果转化主体积极性，有序推动科技成果转化，提高科技成果转化质量和效益具有重要作用。国外发达国家把促进科研成果转化相关法律的制定放在突出位置，以日本为例，自 20 世纪 80 年代以来，先后制定颁布了《高校科研创新促进法》

《产业技术转移促进法》《技术转移交流促进法》《产业技术强化法》《科学技术基本法》《政产学研融合税制改革法》《知识产权基本法》等一系列法律，这在加快推进日本科技创新进程、提高产学研融合水平、加强产权保护和推进技术转移方面发挥了积极作用。

从我国来看，1982 年《中华人民共和国商标法》颁布，这是中国开始系统建立现代知识产权法律制度的一个重要标志。1984 年 3 月 12 日《中华人民共和国专利法》颁布，1987 年《技术合同法》出台，对技术商品的许可使用和转让提供法律保障。1993 年《中华人民共和国科学技术进步法》颁布实施，开启了我国通过专门立法推动科技进步之路。2007 年《中华人民共和国科学技术进步法》通过修订，新法中第一条规定，“为了促进科学技术进步，发挥科学技术第一生产力的作用，促进科学技术成果向现实生产力转化”。1996 年《中华人民共和国促进科技成果转化法》颁布实施，标志着我国建立了推动科技成果转化的专门法律。2015 年《中华人民共和国促进科技成果转化法》通过修订，新法中第一条规定，“为了促进科技成果转化为现实生产力，规范科技成果转化活动，加速科学技术进步，推动经济建设和社会发展，制定本法”。我国科技立法体系的不断丰富和完善对促进科技成果起到了积极的推动作用。截至 2015 年，在国家颁布和实施促进科技成果转化的法律的指引下，全国各个省市自治区根据自身科技发展水平和经济发展需求，纷纷颁布了地方的《科技进步条例》《科技成果转化法》《科学技术普及法》及《科技成果奖励法》等多部科技法规。法律保障的不断完善对规范和保障地方科技事业发展、促进科技成果转化、推动经济社会发展起到重要的作用。

第二节　内蒙古科技成果转化相关法制建设情况

20 世纪 90 年代以来，随着内蒙古科技立法工作的展开，科技成果转化也经历了起步、探索、不断规范和完善的过程，全区科技执法和司法工作有序推进，科技法律法规的要求不断落实，行政执法部门和社会成员的科技法律意识也逐步增强。

一、主要进展

法规不断健全。内蒙古根据宪法和国家有关法律的规定，结合自身实际，在学习借鉴区外经验的基础上，先后制定了四部科技成果转化方面的地方性法规，包括《内蒙古自治区技术市场管理条例》《内蒙古自治区科学技术协会条例》《内蒙古自治区促进科技成果转化条例》《内蒙古自治区科学技术普及条例》。自治区人民政府制定了促进科技成果转移转化八项措施、促进大数据发展应用若干政策的通知等政府规章，还出台了实施技术跨越战略的意见、实施科技强区纲要、进一步加快科技发展的决定、实施创新驱动发展战略的意见等一系列规范性文件。

法律法规实施工作逐步加强。全区各级政府和司法机关认真贯彻落实科技法律法规要求，使知识产权保护工作不断加强，技术市场日益活跃，科技普及工作取得进展，科技成果转化深入实施。专利保护、应用、管理工作逐步加强。司法与行政并行的专利保护机制不断完善。全区法院知识产权审判工作的能力和水平不断提高，为推动内蒙古科技成果转化提供了司法保障。

表 7-1　2011~2015 年内蒙古专利行政执法和司法审判案件统计

单位：件

年份	专利行政执法		全区法院审理专利案件	
	处理专利侵权纠纷	查处假冒专利	受理案件	审结案件
2011	8	73	38	35
2012	9	87	30	24
2013	5	211	43	32
2014	8	366	24	17
2015	9	377	56	41
合计	39	1114	191	149

知识产权司法保护力度不断加强。近年来，随着内蒙古科技创新水平和文化产业的快速发展，知识产权案件类型日益增多，涵盖权属纠纷、侵权纠纷、知识产权合同纠纷、不正当竞争纠纷等。案件涉及的技术领域也越来越广，不乏生物、制药等“高精尖”的技术领域。此外，重大疑难案件和新类型案件也在不断增多，知识产权刑事案件的专业性也越来越强，对审判人员的综合能力提出了更高的要求。内蒙古各级法院坚持以公开促公正，增强司法公开的力度和广度，主动接受监督，提升企业诚信守法意识，提高消费者识假辨假能力，形成自觉抵制假冒伪劣商品、重视知识产权保护的社会氛围。2016 年，内蒙古各级人民法院共受理知识产权案件 534 件，审结 426 件，审结率接近 80%。

二、存在的不足

现行法规可操作性不够强。现行科技法规概括性、原则性规定偏多，可操作性、约束性较差。有的停留于号召和鼓励层面，有的有行为模式表述，却无法律责任后果。比如：自治区科学技术进步条例“鼓励和支持资源与环境、人口与健康、气候变化、防灾减灾、公共安全、生物技术、民族医药、水资源节约和保护等领域的科学技术创新，促进社会事业的发展与进步”，显得粗疏空泛。该条例关于“企业开发新技术、新产品、新工艺发生的研究开发费用，符合国家规定的可以在计算应纳税所得额时加计扣除”的规定，企业因不了解规定内容或计算手续繁琐而难以兑现。《内蒙古自治区促进科技成果转化条例》规定“鼓励研究开发机构、高等院校等事业单位与生产企业联合实施科技成果转化”，“鼓励研究开发机构进入企业或者企业集团，成为企业的技术开发机构”，但未规定“配合”“进入”的具体方式和途径，使这些规定落实起来有难度。一些法规的地区特点不够鲜明，有的法规和政策配套协同不够。法规缺失和“老化”。鼓励区内科技成果转化和专利保护等法规项目空白，科技创新投入等法规建设滞后。

立法的前瞻性不足。2000 年前后制定实施的《内蒙古自治区促进科技成果转化条例》等法规，内容已不适应新的形势要求，显得陈旧“老化”。对一些立法条件不成熟的事项，政府规章未及时予以规范。相比之下，区外一些地方促进科技创新的立法步子迈得比较大，法规引领和保障科技创新的作用比较明显。2009 年，重庆市出台科技创新促进条例，对创新活动、创新平台、创新保障等作了规范，是较早制定同类地方性法规的省市。2011 年，广东省制定了自主创新促进条例，为跻身全国创新强省提供了重要保障。

现行法规实施不到位。一些科技法律法规的规定还没有落实到位。科技创新投入规定落实难是一个突出的例子。如《内蒙古自治区促进科技成果转化条例》明文规定“各级人民政府应当设立科技成果转化的专项资金并逐年提高投入比例”“应当逐年增加科技成果转化的投入”“以科技成果向有限责任公司或非公司制企业出资入股的，科技成果的作价金额不得超过公司或企业注册资本的 20%，高新技术成果的作价金额可达到公司或企业注册资本的 35%，另有约定的除外”“企业事业单位独立研究开发或者与其他单位合作研究开发的科技成果，实施转化成功投产后，单位应当连续三至五年从实施该科技成果的年净收入中提取不低于 10%的比例，对完成该项科技成果及其转化做出重要贡献的人员给予奖励，对在贫困和边远旗县完成该项成果及其转化做出重要贡献人员的奖励应不低于 15%，或者参照此比例给予一次性奖励”。这些规定在实践中很多不能得到足够落实，一些好的政策停留在纸面上。

知识产权保护不力。知识产权保护不力是制约科技成果转化的突出问题。知识产权保护不力将严重降低创新收益的预期，从而降低创新投入和先进技术引进。现行法律法规对知识产权侵权实行“填平原则”，实际赔偿额度过低。同时，行政执法缺乏法定处罚手段，相当一部分案件仍然起诉到法院，而司法与行政保护不足，知识产权法院仍没解决知识产权侵权审判结果不同、赔偿标准不同等问题。

第三节 内蒙古加强相关法制保障的重点方向

随着我国科学技术的发展，国家关于科技成果转化也出台了一系列法律法规，如 2015 年刚修订的《中华人民共和国促进科技成果转化法》以及国务院办公厅出台的《促进科技成果转移转化行动方案》，这些法律法规也成为内蒙古推动科技成果转化的重要遵循，为内蒙古将科技工作纳入法制轨道提供了重要指南。内蒙古要积极加强法制建设，为科技成果转化的运行提供良好的法治环境。

一、不断完善科技成果转化方面的法治化水平

完善以企业为主体的科技成果转化机制、人才激励机制、创新创业机制、科技中介服务机制、科技投入机制、政府采购机制、风险投资机制。现行的《内蒙古自治区促进科技成果转化条例》于 2000 年公布施行，对推动全区科技成果的转化发挥了重大作用，然而随着内蒙古经济社会的发展与科技体制改革的深入，该条例已不能完全适应科技创新发展的新环境和新趋势。科技成果供求双方信息交流不够通畅、产学研合作不够紧密、企业作为科技成果转化的主体地位的作用尚未充分发挥出来、科技成果转化奖励和报酬的激励政策仍需突破等问题为科技成果转化带来不便。加快修订有关法律法规。制定实施《内蒙古关于促进科技成果转移转化行动方案》《内蒙古贯彻落实〈国家驱动发展战略纲〉要实施方案》《加快科技企业孵化器发展的若干意见》和《关于深化人才发展体制机制改革的实施意见》等一系列有利于科技成果转化的政策和措施。

加快修订完善《内蒙古自治区促进科技成果转化条例》，主要规范以下四方面内容：第一，强化企业在科技成果转化中的主体地位，建立以企业为主体的科技成果转化机制，加强对企业孵化器的扶持，鼓励金融保险机构开发符合科技成果转化特点的金融产品。第二，激励科技人员转化科技成果，采取差异化的人才评价体系，允许科技人员兼职离岗创业，对担任正职或其他领导职务的科技人员的奖励做出明确规定。第三，完善科技成果处置、收益分配制度，改革科研经费使用管理制度。第四，提升科技成果转化服务能力，支持建立技术转移机构，加强科技创新服务体系建设。

完善相关配套政策。制定、完善专业从事技术交易、技术经纪、技术集成与经营和技术投融资等服务机构的建设标准与服务规范，促进科技成果转化专业服务机构向体系化、标准化方向发展。制定《投资基金条例》和

《风险投资条例》，完善风险投资法律体系，为风险投资提高法律依据和法律保障，进一步完善有关知识产权保护的法律，加大对知识产权的保护力度，切实保护创业者和风险投资者的利益。制定一部《产学研联合工作条例》，在自治区范围内优化科技资源配置，以大型科技企业和大型骨干企业技术中心为依托，集中解决一批促进产业结构、产品结构调整的共性、关键性技术，突破一批产业技术“瓶颈”，为产业结构优化升级提供强大的技术支撑。

二、积极落实国家关于促进科技成果转化的政策法规

积极贯彻落实新修订的《中华人民共和国促进成果转化法》，着手组织修订《内蒙古自治区促进科技成果转化条例》。修订自治区科学技术奖励办法，发挥科技奖励在科技成果转化中的导向作用，加大科技成果转化在自治区科学技术奖评审中的权重，增加奖励人员名额。贯彻落实国家《关于实行以增加知识价值为导向分配政策的若干意见》，牵头组织有关厅局制定出台若干政策意见。

三、加强对科技创新的司法和行政保护

加强对知识产权的司法和行政保护力度。进一步克服地方和部门保护主义，提高司法和行政执法人员思想素质和业务能力，降低知识产权保护成本。严格执行司法程序，探索建立知识产权行政执法保护的长效机制。发挥司法保护主导作用，完善知识产权审判工作机制，推进知识产权民事、刑事和行政案件的“三合一”审判工作。加强知识产权法官队伍的正规化、专业化、职业化建设，不断提升司法公信力。全国人民代表大会监督“一府两院”落实科技法律法规，是人民代表大会制度的内在要求。各级人大要进一步加强监督，促进科技法律法规的正确实施，促进“一府两院”依法行政，公正司法。坚持问题导向，回应社会关切，突出监督重点，增强监督意见和措施的针对性、可执行性。加强跟踪监督，促进整改落实。加强对政府规范性文件的备案审查工作，完善机制，创新方法，坚持有件必备，有备必审，

有错必究，增强纠错的刚性。加强备案审查规范化和信息化建设，积极推进建立信息化平台。加强政府层级监督，发挥行政复议和行政执法监督的作用。

案例一：内蒙古警企合作保护知识产权

2014年4月25日，伊利、蒙牛、鹿王、河套王、鄂尔多斯5家著名品牌企业集团与内蒙古自治区公安厅签订强化警企协作保护知识产权协议，内蒙古自治区内的30余家重点知名品牌企业同时纳入警方新近建立起来的保护知识产权协作平台监管。

近年来，内蒙古公安机关各级经济犯罪侦查部门为保护知识产权不受侵犯，在全区范围内相继组织开展了打击侵犯商标专用权犯罪的"山鹰"行动、打击侵犯知识产权的"亮剑"行动、打击经济犯罪"破案大会战""打假行动"等一系列专项打击整治行动，取得了良好的法律效果。特别是2013年开展的"打假行动"，全区各级公安机关和全体参战民警高效履职，促平安、保民生，倾力出击、屡破大案，通过与保护知识产权职能部门和企业开展密切协作，在保护自治区驰名商标和自主品牌，维护食品、药品安全方面，取得了突出成效。行动中全区共破获侵权伪劣案件2459件，申请发起集群战役300起，参与外省发起集群战役610起，抓获网上逃犯36人次，破获公安部挂牌督办案件26起，有力地震慑了此类犯罪。

进一步完善自治区知识产权战略实施工作厅际联席会议制度，支持市场和质量监管、公安、海关等部门联合处理知识产权案件，建立和完善部门间案件移送、案件信息反馈、资源共享等制度，健全知识产权综合执法体系。加强科技法律法规的执法、司法和实施情况的监督工作。各级政府要围绕建设法治政府这个核心，把贯彻实施科技法律法规作为基本职责，把落实知识产权法律制度作为激励创新的基本保障。推动知识产权保护法制化，充实专利行政执法力量，增强行政执法能力，加大执法力度，探索建立适应自治区发展特点的专利维权机制。完善专利行政执法和司法保护两条途径优势互补、有机衔接的保护模式。深入推行并动态调整权责清单制度，不断规范行政执法管理工作，推进综合行政执法。

依法严厉打击侵犯知识产权犯罪行为。加强知识产权行政执法与刑事司法衔接，加大涉嫌犯罪案件移交工作力度。加强网络监管，严厉打击网络侵权盗版犯罪行为。加大知识产权保护和侵权行为惩治力度。深入开展执法专项行动。加大大型展会、电子商务等领域知识产权执法力度。加强注册商标专用权保护，严厉打击商标侵权违法行为；加强商业秘密保护；加强海关知识产权执法保护。推动知识产权保护法治化，发挥司法保护主导作用，完善行政执法和司法保护两条途径优势互补、有机衔接的知识产权保护模式。完善知识产权审判工作机制，结合内蒙古实际情况及知识产权案件数量等因素，进一步做好知识产权民事、刑事、行政案件“三合一”审判工作，加大对知识产权侵权行为的处罚力度，对情节严重的恶意侵权行为实施惩罚性赔偿，并由侵权人承担实际发生的合理开支。

经验借鉴 7-1：上海整合力量加强知识产权保护

为了更好地保护迪士尼知识产权，上海成立了浦东迪士尼知识产权综合执法队伍。综合执法队伍包含了公安、文化执法、市场监管、知识产权在内的多个部门，不断地开展业务培训，提升专业执法能力。

上海工商部门还将加强区域协调、促进保护联动，即以华东地区、长三角为重点，协调周边地区建立跨地区的保护联动机制，加大案件协查力度，共享案件信息，形成从产品生产源头到终端销售环节的全方位监管打击合力。

建立知识产权侵权违法档案，将侵犯知识产权的违法行为纳入金融信用信息基础数据库，并在“信用内蒙古”网站上公布。同时，加强专业化市场知识产权管理和保护工作，在重点专业市场设立知识产权保护专岗，实现市场巡查常态化。同时，加强知识产权维权援助与举报投诉体系建设。完善知识产权投诉举报受理机制和知识产权维权援助机制，加强知识产权维权援助专家委员会、志愿者培养及网络平台建设，推动建立重点产业知识产权快速维权中心，加强重点企业海外维权指导，加大对中小微企业知识产权保护的援助力度。

四、营造有利于科技成果转化的法治环境

立足于提高科技领域法治化水平，实现科技治理体系和治理能力现代化的目标，加大科技法律宣传力度，弘扬法学精神，鼓励成果转化，大力营造大众创业、万众创新的氛围。利用报纸、网络等多种媒体，通过开设专版等形式，开展科技法律法规解读。在科技厅门户网站设立“法规公文”栏目，将科技法律、法规、规章、规范性文件和地方科技法规、文件向社会公开。同时，积极

借助“科技活动周”“知识产权宣传周”等大型科技公众活动，开展科技和知识产权法规政策宣传。在《内蒙古日报》等重要新闻媒体开辟系列专栏，对新修订的《科技成果转化法》等重要法律法规进行解读。在全社会开展《科技成果转化法》学习宣传月活动。着重开展针对科研院所、高等学校、创新型企业和广大科技人员的科技法规政策和与科技创新紧密相关的知识产权等法律知识的培训。组织科研人员、企事业单位负责人参加专题报告会，开展知识问答活动。组织召开盟市、旗县科技部门参加的《科技成果转化法》贯彻落实专题座谈会，并在地方党政领导科技管理培训活动中强化法规政策的培训内容。

第八章　搭建科技成果转化的支撑平台

科技成果转化平台是一个由科研院所、企业、成果转化中介服务机构和投融资机构等有机构成的综合性服务系统。科技成果转化平台具有信息采集、发布和管理功能，投融资服务功能，疏通、连接科技成果研发—转化各环节功能，科技成果展示功能，技术产权交易功能，资源整合与共享功能，“一站式”配套服务功能。加强科技成果转化平台建设对科技资源的利用和产业化起到关键的作用。

第一节　国内科技成果转化平台建设情况

目前，全国大大小小的科技成果转化平台有上千个，国家与地方纷纷建立起各种类型的科技成果转化平台。但是，由于科技成果转化平台建设的实践性很强，应该开展更多的实践研究以强化相关研究的针对性，为科技成果转化平台的发展提供宝贵经验。现将我国科技成果转化平台的特征总结如下：

我国科技成果转化平台建设的主要内容是科技基础条件的整合与共享。例如，国家科技成果转化平台的建设主要集中在23家经过认定的科技基础条件平台，绩效评估工作也是以此为对象，而国家技术创新服务平台尚在试点阶段。地方层面，从近几年科技成果转化平台建设交流材料中，可以看出有15个省市的科技成果转化平台建设内容，还是以科技基础条件平台建设为主，并且有7个省市只有这一种科技成果转化平台，另外没有提供材料的省份也是以科技基础条件资源共享为主，所以，全国以科技基础条件平台建设为主的省市共有24个，占全国的75%左右。其中，北京、上海、浙江、山西等地都通过绩效考核制度，以提高科技成果转化平台的运行能力和管理效率。

较发达省市越来越重视与产业结合较为密切的科技成果转化平台的建设，以山东省为例，2014年整合现有的高等院校、科研单位、生产力促进中心、孵化器和高新区等产业园区的创新成果和需求信息，以市场化的手段，建立山东省科技成果转化服务平台，推动科技成果转移和转化。山东省科技成果转化服务平台自搭建起来后在推进科技成果转化和产业化发展上取得显著的成绩，2016年登记技术合同交易额419.7亿元，同比增长24%。获得中国技术市场金桥奖奖项62项，数量居全国第一位。截至2017年3月，平台拥有科技型小微企业等会员2197家，科技专家和技术经纪人6797人，发布技术供给和需求信息6077项。平台在全省科技成果转化上有效发挥了技术市场在科技资源配置方面的导向性作用，这也使全省技术交易实现了快速稳步发展。如江苏基本形成了以成果发布、成果交易、中介服务等为主要构架的科技成果转化平台体系布局，平台功能已基本涵盖应用基础研究、技术研发、技术工程化到公共科技服务等各环节，如无锡集成电路封装与测试公共服务平台等。

案例一：中国（上海）国际技术进出口交易会

中国（上海）国际技术进出口交易会（简称上交会），是经国务院批准，由中华人民共和国商务部、科技部、国家知识产权局和上海市人民政府共同主办，联合国工发组织（UNIDO）、联合国开发计划署（UNDP）、世界知识产权组织（WIPO）支持，上海市国际技术进出口促进中心、中国机电产品进出口商会、上海东浩兰生国际服务贸易（集团）有限公司共同承办的专门为技术贸易设立的国家级、国际性的专业展会。上交会以“技术，让生活更精彩”为核心理念，以“创新驱动发展，保护知识产权，促进技术贸易”为主题，旨在通过整合海内外科技力量和创新成果，积极打造促进技术贸易发展，推进实现创新升级战略的权威性展示、交流、服务的平台。

首届时间	2013年
展出周期	一年一届
本届时间	第六届中国（上海）国际技术进出口交易会　2018年4月19~21日
展览地点	上海世博展览馆（上海市浦东新区国展路1099号）
展览面积	35000平方米
主题	“创新驱动发展，保护知识产权，促进技术贸易”
核心理念	技术，让生活更精彩
展区划分	战略性新兴产业展区：节能环保、新一代信息技术、生物、高端装备等 未来技术展区：高校、科研院所、企业研发中心、创客、独立发明人
上交会特色	特设交易服务区：内容涵盖知识产权保护、转让、许可及金融、国际人才、法律等服务

案例二：中国国际高新技术成果交易会

中国国际高新技术成果交易会（简称高交会）由中国商务部、科技部、工信部、国家发改委、农业部、国家知识产权局、中国科学院、中国工程院等部委和深圳市人民政府共同举办，每年在深圳举行，是目前中国规模最大、最具影响力的科技类展会，有“中国科技第一展”之称。

高交会集成果交易、产品展示、高层论坛、项目招商、合作交流于一体，重点展示节能环保、新一代信息技术、生物、高端装备制造、新能源、新材料、新能源汽车等领域的先进技术和产品。经过多年发展，高交会已成为中国高新技术领域对外开放的重要窗口，在推动高新技术成果商品化、产业化、国际化以及促进国家、地区间的经济技术交流与合作中发挥着越来越重要的作用。

第二节　内蒙古科技成果转化平台建设

一、现有基础

内蒙古科技成果转化平台主要包括信息发布平台、技术交易平台和成果孵化平台三大类。一是信息发布平台。科技基础条件平台，顾名思义，是集合内蒙古科技基础资源而搭建的共享性科技服务体系。科技基础条件平台的运行机制以共享为核心，建设实行“平台牵头单位+子平台”的统筹模式，致力于科技资源的专业化管理，推动科技资源的开放共享和优化配置。比较有代表性的是内蒙古科技创新综合信息服务平台、内蒙古科技信息网、内蒙古自治区科技创新大数据平台等。二是技术交易平台。内蒙古自治区科技成果交易平台、内蒙古科技交易所、内蒙古科技成果转化促进中心、内蒙古技术市场网等是科技成果转化的技术交易平台，此外还有一些民营中介机构专门从事个人或企业的科技成果交易服务。三是成果孵化平台。主要是以内蒙古自治区科技协同创新基金、内蒙古高新技术产业风险投资基金等为主体的投融资服务平台和以各类孵化器为主体的创业信息及人才培育服务平台。

近年来，内蒙古加大对科技成果转化平台的支持力度，例如，自治区科技厅对科技成果转化、平台载体实行后补助支持，取得了积极成效。

（一）基本形成了涵盖面广、功能齐全的科技成果转化服务平台体系

目前，内蒙古基本建成了包括知识产权预警与交易、科学仪器设备共享、科技文献信息、产学研合作、专业技术监测、软件评测等科技成果转化服务平台体系。这个体系表现出了两个重要特征：第一，网络服务平台和实体服务平台相结合。内蒙古科技成果转化的网络服务平台以“内蒙古网上技术市场”为代表，包括内蒙古科技成果转化网和内蒙古自治区技术交易平台，以及设在各盟市的各分市场；实体服务平台则是以高新区、科技创业中心、科技创业园等为依托而成立的科技成果转化服务平台。第二，公益类和非公益类平台相结合。公益类是指以政府投入为主，向社会提供公益服务、基础性服务的平台；非公益类则一般是由政府和平台建设参加单位共同投入，目的是根据内蒙古产业发展需求，通过整合科技资源，提供公共科技创新服务和开展从科研到产业化一系列科技创新活动。

（二）初步形成了科技成果转化服务平台建设的共建共享机制

内蒙古在推进科技成果转化服务平台建设的过程中，制定了由多部门共同参与、体现各方利益的政策支持体系和利益协调机制，通过参股或其他合作方式打破利益主体的边界，推动跨行业跨部门的业务协同和资源整合，实现了政府、企业、高等学校和科研机构、成果转化服务平台、社会力量五个

方面的良性互动和共建共享。如内蒙古自治区产业技术创新战略联盟，主要是通过创新产学研的结合机制和组织形态，建立与支柱产业、新兴产业发展需求相一致的产学研创新联盟，对重大共性、关键技术难点问题开展联合攻关，不断完善研发链。如赤峰市已发展产业技术创新战略联盟 10 个，占到全区总数的四成以上。在农牧业上，成立了鹿业、肉羊、草业、蔬菜、谷子、道地药材 6 个联盟；在工业上，成立了蒙中药、有色金属、农牧机械制造、制糖 4 个联盟，其中蒙中药联盟被列为自治区唯一一个国家级重点培育的联盟。

（三）科技成果转化服务平台的服务成效日益显现

根据不完全统计，仅 2015 年，内蒙古全区的科技成果转化服务平台就为 7170 家企业提供检测、测试服务 36393 次，提供科技成果交易服务 129 件，提供技术咨询、评价服务 19829 次，提供新产品研发服务 308 件，提供工艺设计及改造服务 165 套，提供科技文献检索/翻译服务 2710 篇，提供专利服务 161 件，取得了较好的社会效益和经济效益。

案例一：国家乳制品及肉类产品质量监督检验中心

国家乳制品及肉类产品质量监督检验中心位于内蒙古自治区首府呼和浩特市，以内蒙古自治区产品质量检验研究院为母体。该中心于 2003 年 12 月通过国家实验室“三合一”认可现场评审，于 2004 年 6 月 24 日由国家质监总局和国家认监委联合发文批准成立。该中心是依法设立或授权的第三方实验室，坚持以客观公正和一视同仁的态度，对待所有客户和业务，配置满足授权范围内检测要求的所有资源，建立具有优秀人才的管理团队和技术团队，建立严密的管理体系和服务规范，对检测全过程实行严格的质量管理和质量控制，以精益求精、尽善尽美的工作质量赢得客户的信赖。

该中心不仅承担自治区范围内各类食品的监督抽查、委托检验工作，同时还被授权承担国家 QS 食品市场准入制度 28 类食品的发证检验工作。是国家西北禽蛋定点检测单位、中国绿色食品发展中心批准的绿色食品定点检测机构、农业部农产品质量安全中心批准的无公害农产品定点检测机构。现具有乳及乳制品、肉及肉制品、粮食及粮食制品、食用植物油、蛋及蛋制品、蔬菜及其制品、饮料、调味品、酒类、焙烤食品、膨化食品、糖果、豆类及其制品、蜂产品、粮食及粮食制品、水果及其制品、水产品及水产制品、食糖、炒货食品及坚果制品、罐头食品、特殊膳食食品、食品添加剂等 24 大类 400 种产品 1300 多个检验项目的检测能力。

二、存在的不足

（一）技术平台缺失，科技成果成熟度不高

内蒙古科研部门大多是事业单位，科技成果供给的主体大多是国有各类科研机构，国有科研单位的主要任务是完成政府下达的科研任务，为科研而科研，缺乏良好的技术平台，大部分科技成果的商品化、市场化程度不高，难以与生产对接，不易转化甚至不能转化，造成科技成果质量不高，主要原因在于：首先，科研选题与市场需求脱节。科研项目主要来自政府的各种基金资助，多为基础研究，应用研究的比例较少，直接运用于生产的应用开发研究则更少。大多科研成果停留在基础研究阶段和实验室成果阶段，并没有到达应用技术开发阶段和中试、示范推广转化阶段。导致生产中急需的成果供给短缺，科技链与产业链脱节，造成科技成果难以转化，难以形成产业。其次，在课题的审批环节上缺乏严密的技术经济论证程序，在课题的鉴定验收环节上多注重形式，失去对课题真正评价的实际意义。对项目不是严格按照“技术上先进，生产上可行，经济上合算”等技术经济指标进行严格把关，而是仅靠个人意志拍板定案审批课题。由于课题鉴定把关不严，造成相当部分成果不成熟。

（二）成果转化服务平台体系不健全，总体上缺乏有效整合，平台服务能力总体不强

一个完备的科技成果转化服务平台体系应该包括技术和成果信息发布和交易机制、资金和担保体系、技术支撑体系、网络化服务体系和保障机制五大部分。内蒙古科技成果转化服务平台仍然存在科技成果评估功能不健全、技术交易保险尚属空白、融资服务功能滞后等空白点。内蒙古科技成果转化服务平台启动建设时间不长，平台更多的是提供信息查询、信息发布、资料检索等浅层次的服务，多数平台尚没有真正发挥其应有的作用，平台的对外服务能力有待进一步加强。

（三）绝大多数成果转化服务机构的运行机制处在向市场机制转变的过程中，尚未按市场机制运行

内蒙古科技成果总量不少，但是真正运用于生产并产生实际经济效益的

科技成果并不多，转化率较低。这种转化“低效化”的特点很大程度上是由于内蒙古现阶段缺乏发展成熟的科技成果转化服务机构，科技成果推广体系不健全造成的。真正能依靠服务手段，采取有偿服务的方式，实行自主经营、自负盈亏的服务机构尚不多，而大量的服务机构人员素质、服务设施和中介能力差，主要靠收取成果持有方的中介费维持，大大损害和降低了成果转化服务机构的声誉和可信度。科技成果推广组织瘫痪，队伍不稳定，数量不足、素质不高，无法为科技成果转化提供优质、高效的全程化服务，使科技成果转化失去了应有的人力资源保障。科技成果转化信息不对称。内蒙古很多企业家文化程度不高，分布地域广泛，虽然在职学习、广播电视、报纸期刊等在传播科技成果中发挥了一定的作用，但科研、推广机构与企业家面对面沟通的最主要、最有效渠道仍未建立，从而造成大多数科技成果无法与生产实际相衔接，无法转化运用于生产。

（四）科技成果转化的宏观管理存在体制不顺、机制不协调的情况

从本质上讲，许多涉及科技工作的政府机关和相关部门的工作都是围绕成果转化工作而展开的，只是侧重点各有不同。从宏观上看，各类机构尤其是政府资助的成果转化服务机构的工作尚未有机地结合起来，基本是条块分割、各自为政，各类机构都有自己的运作方式和发展目标，造成整个科技成果转化服务机构的建设和运作统筹性不强，有些工作重复进行，造成资源浪费，难以使有效的资源发挥最大的效益。

（五）服务平台的管理手段有待进一步完善

内蒙古科技成果转化服务平台的管理手段比较单一。整合、提升资源共享不够，通常是依靠承建单位来建设、管理平台，并没有充分利用区域内科研机构、高等院校、产业界相关领域的资源，在一定程度上限制了平台做大做强。

第三节　内蒙古科技成果转化平台的建设方向和路径

一、加强科技成果信息服务体系建设

进一步提高科技平台科技资源整合的质量、推动科技资源的共享是当前内蒙古科技体制改革的一个重要任务，而科技资源整合的质量是平台共享服务的基础条件，因此，必须进一步提高科技平台资源整合的质量，以促进平台的资源共享和服务能力的提升。

提高科技平台科技资源的权威性和全面性。科技成果转化平台整合的资源必须是本专业领域中最权威、最全面的，这是科技成果转化平台的一项重要使命和义务。

增强科技成果转化平台整合资源的规范化和标准化。平台要对整合的科技资源信息进行规范化和标准化的加工，进一步完善科技资源的数字化、信息化整合，提高科技资源的可用性。

提高平台整合资源的针对性和有效性。平台整合资源要与服务相对接，要针对平台资源的用户尤其是中小企业的需求，来整合资源和强化服务，如很多科技型中小企业对标准、专利等很感兴趣，还有很多专业技术方面的需求，平台整合资源要考虑服务对象的需求，以提高针对性和有效性。完善全区科技成果信息服务子门户系统，开发科技成果信息服务技术标准、管理与服务规范及相关技术；加强科技成果信息、技术标准信息、技术服务信息和政策法规信息资源库的开发。建立区域科技信息联合发布机制。加强与周边省市、东部发达地区的科技信息发表合作，围绕区域创新体系建设和区域经济社会发展需求，联合共建科技成果信息服务系统，构建区域—自治区—盟市—旗县四级区域科技成果信息服务体系，促进科技成果信息服务深入到基层中小企业和农牧区。

经验借鉴 8-1：各地科技信息情报工作的经验做法

浙江省科技厅、浙江省发改委、浙江省财政厅和浙江省教育厅联合发文《浙江省公共科技条件平台建设纲要》，在政策措施中指出：加强政府引导，形成共建合力：按照省、市、县互联互动、分层建设和分级管理的原则，省科技厅会同发展改革委、省财政厅、教育厅等部门，主要负责公共科技基础平台的建设和管理，行业创新平台由科技厅会同行业主管部门负责建设和管理；区域科技创新平台由市、县负责建设和管理，省科技厅和有关部门予以指导和支持。增加经费投入，加强平台管理：加大政府投入力度，优化和调整投入结构。省、市、县各级政府每年要安排经费用于公共科技条件平台建设；政府资助的平台建设经费主要用于提高平台整体创新能力、科技服务水平和关键性仪器设备的添置。深圳市政府 2016 年 1 号文件中，明确提出将"依托现有科技情报机构、标准研究机构、高等院校和图书馆，建设专业化的科技图书馆和科技信息平台，提供科技文献、情报、信息服务"作为市政府实施自主创新战略、建设国家创新型城市、提升源头创新能力的公共基础平台之一。

上海、重庆、宁波更早地加大了对科技信息平台的投入力度，目前已初步建立起一些较为完备的科技信息服务平台。上海科技情报研究所 2016 年信息资源费 10 亿元，"上海研发公共服务平台"已在 2016 年完成第一期总体目标，该平台由基础条件、专业服务、成果转化、管理决策 4 大板块 10 个子系统构成。另外，上海科技文献平台还建立了上海市科技文献联合目录、西文期刊联合文献，实现了科技文献在线服务。位于重庆的西南信息中心早几年就通过改制进行市场化运作，重点发展知识信息产业和期刊编辑出版产业两大产业，维普资讯有限公司是西南信息有限公司下属的一家大型的专业化数据公司，自 1989 年以来，维普资讯有限公司一直致力于对海量的报刊数据进行科学严谨的研究、分析、采集、加工等深层次开发和推广应用。宁波科技文献数据共享服务平台初步整合了 7 家单位的科技信息资源，为进一步发展壮大打下了坚实的基础。

二、加快技术交易服务体系建设

加强与全国技术交易服务系统互联互通，融入全国技术交易、技术服务、技术评价、评估的规则和标准体系建设；开发技术合同登记和实时统计网络信息系统建设；健全全区技术交易项目数据库及技术交易相关政策法规库建设；以常设技术市场和技术产权交易机构为骨干，建立技术、人才、资本融合的运行机制和与国际技术转移机构合作的交互平台。加强各盟市技术交易服务协作体系建设。根据各盟市的产业技术成果需求特点，建立区域性技术交易服务协作机制，形成不同特色的技术交易服务网络。鼓励科技成果转化平台做好服务。支持各类科技服务平台为科技成果转化提供技术集成、中间试验、工业性试验和工程化开发、技术推广与示范、检验检测、标准认证等服务。大力发展专业化、社会化、网络化和规范化的科技中介服务机构，为科技成果转化提供信息加工与分析、评估、经纪等综合性服务。鼓励各类主体自主或联合创建技术市场、科技会展机构、技术转移中心、科技成果价值评估机构以及从事科技成果孵化、知识产权服务、科技咨询服务、科技金融服务、综合科技服务等的科技成果转化服务机构。对符合科技成果转化服务机构设立标准和资质，在科技成果转移转化服务中效果明显的，按照其服务绩效给予财政后补助支持。

经验借鉴 8-2：上海的农创项目路演模式

提高农业科技成果交易转化效率，必须先打破科技与产业、科技人员与产业主体、项目与市场之间的“壁垒”，把各类创新要素集聚到同一个平台上。为此，上海探索了农创项目路演模式，该模式突破了地域限制，有效解决了农业科技推广被动、单向的制度弊端。通过定期举办农创专场路演活动，促进长三角农业科研院所、新型职业农民、农业创业者等群体的紧密互动。农创路演是农业科技成果交易转化创新平台的重要组成部分，是成果交易转化的催化平台，最后还要通过农交所等具备交易条件的机构完成市场化交易，并由此形成一整套制度。自 2015 年 12 月启动至今，已经在长三角成功路演了 9 次，关注度节节攀升。

上海已经探索出了一套农业科技成果转移转化交易流程，该流程共分 7 个环节，依次为申请转让、成果定价、平台信息发布、登记受让方信息、组织交易签约、签订转让合同、结算交易资金完成交割出具交易凭证。通过农业科技成果交易转化创新平台，至今已完成了 20 余项成果的转化交易，资金达到 2000 多万元。

三、推进创业孵化服务体系建设

完善高新技术开发区和其他各类科技工业园的创业服务和孵化功能，在优势特色产业转型升级和战略性新兴产业培育等领域，进一步完善公共试验室、设计中心、技术中心、中试基地等公共技术装备和创新创业条件。到2020年，建成若干个覆盖全区各主要高新技术产业密集区域的优势互补、资源共享、产业聚集、人才密集的促进科技成果转化、培育和发展高新技术企业和企业家的基地。加强科技成果转化中介服务体系建设。构建政策政务服务平台、投融资服务平台、技术服务平台和中介服务平台，为入孵企业提供政策、法律、管理、技术、投融资、财务和产品研发、中试生产、市场推广、成果转让、产权交易等全方位服务和支持。通过为入孵企业提供包括公共实验室和中间实验室、科技创新基金申报、投融资服务、房租优惠等一系列政策，让企业在创业初期有效降低创业成本，获得快速成长及发展支持。完善技术市场体系，在呼和浩特市建设自治区技术交易市场，在通辽市、巴彦淖尔市分别建设东部和西部科技大市场，并辐射带动各盟市建立技术交易市场体系。健全网上技术市场交易机制，形成统一开放、网上网下相结合的技术市场服务体系，转移转化国内外实用技术。鼓励企业、科技中介机构利用展会开展技术转移和成果推广服务，并在国家、自治区和各盟市组织的大型科技会展中开展服务，对取得突出成绩的给予一定经费奖励。利用现有中小企业服务平台搭建创业项目展示功能，为区内外风险投资机构与创业者沟通提供渠道。在绩效评估基础上，通过政府购买服务的方式，加大对科技中介服务机构开展创业孵化服务的资助力度。加强科普产品研发，拓展传播渠道，开展增值服务，带动模型、教具、展品等相关衍生产业发展。加强对中介组织的管理和对中介服务人员的培训，促进传统科技机构由原来的单一业务向以科技成果转化转移为主的“一条龙”综合服务转型，积极探索通过政府购买服务等方式重点支持培育一批技术转移中介服务机构。发动科技中介服务机构深入企业，发现企业真实的技术需求；积极联络国内外高校、科研院所、技术转移机构，寻找高校、科研院所真正具有转化价值的科技成果。在此基础上，组织开展行业、专业领域的科技成果竞拍活动，实现技术交易的常态化。

四、推进科技服务业与“大众创业、万众创新”互动发展

引导企业、社会资本参与建设孵化器，积极探索基于互联网的新型孵化方式，提升孵化器专业服务能力。大力发展市场化、专业化、集成化、网络化的众创空间，为个体创业者和初创小微创新企业成长提供低成本、便利化、全要素的开放式综合服务平台。利用老厂房、旧仓库、旧街区等存量房，探索众创空间等“孵化器+创业风险投资”的新型孵化模式。加大创业服务力度，各级人民政府要为创客空间提供场地、通信、社保等方面的优惠和资金支持，加强创业教育培训，加强创业辅导，将创业导师工作作为科技企业孵化器绩效评价的重要内容。积极整合创业导师资源和小微企业创业需求，搭建网络化的创业辅导平台，面向全区科技企业孵化器开放，促进孵化器与创业导师的有效对接。加大产业技术创新战略联盟和高新技术企业认定力度，培育认定一批众创空间（2020 年，自治区级示范性众创空间达到 100 家以上）。

经验借鉴 8-3：杭州市首届科技成果拍卖会

2016 年 12 月，为了促进创新项目与本地企业、创投资本对接，推动创新成果转化和大学生创新创业，杭州市科技传播学会通过筹备首届科技成果拍卖会，解决科技成果转化“最后一公里”问题。

杭州市目前拥有小微企业 37 万家，发展杭州科技企业，促进企业转型升级，可以通过科技传播平台，使企业与高校科技成果进行对接。依靠高效的科研资源和人才优势，为杭州市小微企业发展的不同阶段提供各种科技、政策、知识产权服务。比如，为杭州市小微企业技术研发和项目选择制定规划、指明方向，使小微企业能够充分利用国家科技政策，获取国家资金的资助、奖励或免税，弥补小微企业科研或产业化资金的不足，同时提升企业品牌价值和市场信誉。

杭州市科技传播学会利用杭州市科技传播学会组织网络和会员关系，走访中国科技大学等 100 所省内外高校。通过走访交流活动，挖掘、引进创新成果项目，举行

100场科技创新项目与企业家、企业家风投机构对接活动。邀请100家科技企业及风投、管理专家和企业家对科技创新项目进行论证评估，促进科技成果转化，还准备举行首届科技成果拍卖会，完成科技成果转化的“最后一公里”。

五、进一步探索与国家平台的协调机制

统筹协调应是今后科技成果转化平台发展的主要思路，即要加强与中央各有关部门之间、军民之间在科技基础条件建设上的协调，形成国家科技成果转化平台与内蒙古科技成果转化平台之间的沟通、协调、整合机制。为此，一要加强与科技成果转化平台的集成，强化与国家平台各类资源和服务的有效融合和有机衔接。二要鼓励国家平台在内蒙古设资源站点和服务站点，以积极引导和支持内蒙古科技研发应用。三要发挥部门和地方的积极性，多层次、多渠道加强科技基础条件平台建设工作。通过与国家科技成果转化的协调，充分利用国家现有的成果转化平台，切实减少科技成果转化平台建设的重复投入，提高科技资源的利用效率。

六、平台资源建设差别化投入

政府性的科技成果转化平台建设应该由财政支持其基本运行，因为政府性科技成果转化平台是公益性、开放性的科技成果转化平台，应该由政府财政投入，支持其基本运行。尤其是在当今政府持续增加科技投入的趋势下，保证政府对科技成果转化平台建设的持续财政投入，是平台科技资源建设的前提和基础。政府性科技平台科技资源建设分为四个环节，分别为科技资源新建（增）、科技资源汇交、科技资源运行和科技资源能力提升。

对这四个环节应该根据各个环节的不同特点采取不同的财政投入方式。新建环节采取项目式的财政投入方式：平台科技资源新建（增）是指从无到有建立，是科技条件资源的增量部分。这一环节科技资源建设的目的比较明确、内容比较单一，因此可以采取项目申报的方式对平台新建（增）科技资

源进行财政投入。运行环节采取稳定支持与绩效考核结合的财政投入方式：科技资源运行是指将科技条件资源物质、信息和人力资源以一定的规章制度进行融合，让其有效运转和系统性发挥作用。主要包括科技资源保存、平台日常运行和维护等。因此，可以采取“稳定支持”的财政投入方式，即每年年初给每个平台一定数额固定的运行维护经费，以保证平台的基本运行。同时，对服务成效突出的科技平台给予额外的财政奖励，以鼓励更多的科技平台提高服务质量，加快科技平台的发展。科技资源汇交和科技资源能力提升环节采取后补助的财政投入方式：平台科技资源汇交是指科技数据、文献资料等进行跨部门、跨区域、跨行业资源的汇总和交流，科技资源汇交后能够产生知识的溢出效应和带动作用。科技资源能力提升是指资源的再整合和深加工，能够提高科技资源的产出效益。对这两个建设环节可以采取“绩效考核+后补助”的财政投入方式，即对各平台科技资源汇交和科技资源能力提升的绩效进行考核和评估，根据考核评估的结果对平台给予相应的后补助或奖励。

七、根据平台的公益性采取差别化的绩效考核方式

随着平台建设的发展和平台类别的扩充，平台运行状态和服务性质的差异性会越来越大。因此，对不同类别的政府平台，也要采取差别化的绩效考核方式。尤其是对科技成果转化平台的运行，要差别对待。建议参照事业单位改革的精神，评估和认定各类和各个政府平台的公益性质，并据此采取有差别的财政投入方式：①纯公益的资源性平台，由政府全额拨款。比如，部分科技资源特殊的自然科技资源平台，以及提供科普产品资源的科技平台等，这些平台公益性特点明显，不易进行市场化运作，其运行维护的费用应该由政府全额支持。②能够部分实现市场化运行的准公益性平台，由政府差额拨款。大部分政府科技平台属于这类平台，如研究实验基地、科学数据、科技文献和大型科学仪器平台，虽然这些平台提供的标准、科学数据、科技文献、科学仪器等资源服务具有公益性，但平台可以通过标准、数据、文献、仪器的深加工等增值服务进行市场化运作，并实现盈利，对于这类平台的运行维护费用，可采取多元投入的方式，由政府财政差额拨款。同时，对

于不同特点的平台，绩效评价标准应有所差异，不能采用同一标准，财政投入的力度也要有所差别，要重点支持特殊资源和基础性的平台建设。建议设立两套绩效考核评价体系：第一类是公益类平台绩效考核体系，重点考核其资源的维护建设以及公共服务的成效；第二类是准公益类平台绩效考核体系，重点考核其资源能力提升和对外开放服务的效果。此外，要提高财政经费下拨的及时性，以增强平台资源建设工作的计划性和连续性。

八、打造科创商城

依托内蒙古的高校、科研机构，以大数据发展应用为重点的信息产业、先进装备制造、节能环保、现代农业、现代医药、新材料、现代煤化工、新能源、健康养生等为重点，将全区现有的政府性科技成果转化平台整合起来，成立集金融贷款、审计等第三方服务、线上线下为一体的“科创商城”，内容涵盖科技综合服务、科技合作服务、科技人才服务三大功能，并与区外主要科技成果转化平台互联互通。作为政府、企业、高校（研究机构）之外的“第四方”平台，该市场将对科技成果转化过程中涉及的政府、企业、高校、技术中介机构等各方开展全面的线上线下服务，重点发挥“展示、交易、共享、服务、交流”五位一体的服务功能和科技中介招商、孵化功能，打造科技中介的“众创空间”和科技成果的“淘宝商城”，服务科技成果转化。

九、鼓励各盟市建设科技成果转化中心

建议地方政府与各高校共建高校科技成果转化中心，主要任务是摸准全区高校创新力量和创新成果供给情况以及有关盟市核心产业科技需求情况，助推内蒙古高校围绕各盟市重大需求开展科技攻关与科技服务，促成一批高校科研成果在当地落地转化，为全区产学研深度融合发挥示范、引领作用。建议内蒙古工业大学、内蒙古农业大学、内蒙古科技大学等高校与当地政府联合共建协同创新平台，虽然是事业单位，但无级别、无预算、无编制，完全按照企业去发展运行，所有研发创新单元一律契约化进入，协议约定技术

开发成果。成果产出后，按协议约定评估成果价值，符合条件的，迅速作价入股转变成资本运行。同时，鼓励区内高校与企业签署联合培养计划，设立高职生、研究生联合培养示范点，依托国家、自治区众创空间，搭建“众创空间+智能制造+众包平台”的线上线下合作平台。将工程硕士培养与创新单元技术应用开发需求直接对接。逐步形成以事业单位企业化、技术开发契约化、成果转化资本化、人才培养订单化的发展思路。鼓励区内高校与企业签署联合培养计划，设立高职生、研究生联合培养示范点，依托国家、自治区众创空间，搭建“众创空间+智能制造+众包平台”的线上线下合作平台。完成大型科学仪器和科技资源开放共享平台、科技成果转化和知识产权交易平台等平台建设，制定“线上”成果交易支持政策。

第九章　体制创新增强科技成果转化活力

科技成果转化是高校、科研机构等实现社会服务的主要形式之一。但是，内蒙古现有的科技管理体制使科研工作脱离了国民经济主战场，失去了服务区域经济的功能。改革科研管理体制，释放科研人员的创新潜力并提供足够的成果转化环境支持，应当成为提升科技成果转化能力的新思路。

第一节　内蒙古科技管理及转化体制的变迁

科技管理体制改革是伴随着事业单位分类改革进行的。1985 年 3 月，《中共中央关于科学技术体制改革的决定》标志着中国科技管理体制改革的正式开始，内蒙古的科技管理体制改革也迈开了步伐。内蒙古科技事业单位改革和国家科技体制改革基本同步，是教、科、文、卫、体这些事业单位门类中最早开始进行改革的行业。但总体来看，基本上还是在国家科技体制改革的推动下被动进行的。梳理 1985 年以来与科技成果相关的体制改革，大致可以分为以下几个阶段：

一、1986~1994 年，改革的提出和初步探索阶段

第一，改革拨款制度，实行经费分类管理。从 1986 年开始，对主要从事开发性工作的科研机构，以 1984 年底为基数，财政拨款逐年递减，力争

"七五"计划期间基本实现事业费自给；对从事社会公益、科技服务、技术基础工作的科研单位以及农牧林科研单位和农牧林技术推广单位的事业费，仍由财政拨给，实行包干制，但也要逐步做到事业费自给。

第二，改革科技人员管理制度，扩大研究机构自主权。进一步扩大研究院所自主权，实行院所长负责制。根据工作任务的不同性质，继续试行有偿合同制、各种承包责任制、岗位责任制和基金制。允许编制内多余人员试办自负盈亏的第三产业。

第三，开拓技术市场，促进科技成果向生产的转化。相关的法律法规有1988年实施的《内蒙古自治区独立科研机构承包经营责任制试行办法》《内蒙古自治区技术市场合同登记暂行办法》；1989年8月实施的《内蒙古自治区技术市场管理暂行办法》；1991年8月实施的《内蒙古自治区科学技术委员会关于在全区开展创建科技先导型企业活动的几点意见》；1992年3月实施的《内蒙古自治区关于创建科技先导型企业的若干规定》，把创建科技先导型企业作为进一步搞好自治区大中型企业的一项主要措施，明确创建企业的科技开发机构，在人员、装备、资金、开发能力等方面达到一定规模时，经主管部门审查和自治区科学技术委员会批准，可以享受独立科研机构的优惠政策。

第四，引导和鼓励科研机构进入第三产业，鼓励科研机构由事业型整建制转化为科技企业或企业集团。1994年1月15日，自治区人民政府召开全区科技工作会议，明确今后除选择"少而精"的基础研究，应用基础研究的科研机构和项目继续通过拨款支持外，要大胆引导和鼓励更多的科研机构和科技项目以各种形式进入市场；鼓励科研院所由事业型整建制转化为科技企业或企业集团，转化为行业、地区或企业的技术开发中心，实行企业化管理，面向经济建设并为经济建设提供直接服务；支持科研院所与企业之间以领办、参股、兼并、承包、租赁等多种方式加强经济联合；有条件的科研机构可率先进行国有民营或股份制改革的试点；继续扶持民营科技型企业发展。

二、1995~1998年，深化改革，对科研机构分类指导尝试阶段

第一，促进科技与经济结合。1996年7月自治区主席乌力吉分别听取自

治区科学技术委员会关于科研院所改革方案的工作汇报和自治区直属研究院所、部分高等院校科技体制改革工作汇报，并要求自治区科学技术委员会出台一个科研院所、高等院校科技与经济结合的计划，以此作为考核自治区科学技术委员会工作的依据。12月7日，自治区《事业单位非经营性资产转经营性资产管理实施办法》出台。

第二，对科研机构分类试点改革。从1997年起，开始对全区133家独立科研机构进行全面摸底和清查。按照“点先行，分类指导，因地制宜，稳步推进”的原则，提出开发型科研院所、农业科研院所和社会公益型科研机构改革的方案，确定内蒙古电子计算中心、内蒙古自治区粮食科研设计所、内蒙古自治区轻工研究所、内蒙古自治区电子研究所、内蒙古自治区农科院5家直属科研院所和包头市作为改革的试点单位和地区。

三、1999~2012年，以“优化结构、分流人员、转换机制、制度创新”为重点的科研机构企业化转制的改革

第一，制度保障改革。1999年，内蒙古自治区党委、政府相继下发了《关于贯彻〈中共中央国务院关于加强技术创新，发展高科技，实现产业化〉的意见》《关于深化科技体制改革总体框架及科研机构调整的实施意见》《关于全区科研结构调整及人员分流的若干政策规定》文件，对全区深化科技管理体制改革工作做出了全面的安排和部署。为了解决改革中遇到的实质性问题，2001年自治区政府下发实施了《关于内蒙古自治区直属科研机构改革中有关政策的补充规定》，对科研机构改革中的土地、科技企业集团的注册资金、科技人员提前退休、科学事业费和调整准备金、税收优惠政策、养老保险、检验检测职能、部属院所属地化管理及参照执行国家有关科技体制改革政策等问题，均做了明确规定。

第二，对行政区直属28家科研机构的改革方案逐一审核，同意批复了25家科研机构的改革方案。其中，对行政区直属13家技术开发类科研机构改革方案批复的主要精神是要整体转制为科技型企业；对12家社会公益类科研机构改革方案批复的主要精神是要做好非营利机构的界定工作，实行分类管理，即具有面向市场能力的部分要转为科技型企业，建立现代企业制

度；按非营利性机构运行和管理的，要建立现代研究院所制度。

第三，积极深化科研机构产权制度改革。组织、指导科研机构进行公司制改制的清产核资、资产审计和评估及改制方案的制定工作。行政区直属技术开发类科研机构完成产权制度改革的资产评估等前期准备工作。

第四，启动社会公益类科研机构改革。2004 年，内蒙古对社会公益类科研机构制定出分类改革方向：一部分科研机构在确定非营利科研定位的基础上组建非营利性科研机构；一部分科研机构进入社会中介；一部分科研机构退出科研系列转为事业单位；一部分科研机构转制为企业。

四、中共十八大以来，全面深化改革，科技管理体制改革不断取得新突破

一是出台实施了《内蒙古自治区科技储备项目管理暂行办法》和《内蒙古自治区科技计划项目管理办法》。内蒙古科技厅通过广泛征集科技项目，进行实用性、先进性分析，有针对性地建设自治区科技项目储备库，从源头上解决科技项目和经济需求“两张皮”的问题。据此，自治区科技部门在应用研发和成果转化方面，精准发布项目指南，由研发单位公开竞争，实现了科技项目实施的公开、透明和公正，形成了对创新团队积极性的提升和创新创效提高的新机制。

二是内蒙古改革创新科技资金投入机制和激励措施，发挥财政科技资金的引导作用，建立、完善全社会科技创新投入体系。2015 年，自治区设立了内蒙古协同创新股权投资基金，首期募集资金 4. 48 亿元，招聘专业化基金管理公司委托管理。同时，科技厅积极与中国银行内蒙古分行、兴业银行、浦发银行沟通，向银行推荐科技型企业和高新技术企业使用知识产权质押贷款。

三是探索建立企业参与重大科技决策的有效机制。以增加科技投入为抓手，引导、支持企业建立产学研融合的新型研发机构，健全企业主导的产学研协同创新机制，围绕自治区优势特色产业组建产业技术创新战略联盟，推动跨领域跨行业协同创新，统筹培育高新技术企业和科技型微小企业，壮大科技创新和产业发展实力，促进科技与经济深度融合。内蒙古组建了 38 家

以企业为主体、产学研结合的新型研发机构，覆盖全区 12 个盟市，承担科技重大专项，解决产业重大关键技术问题。组建了 22 家以企业为核心的产业技术创新战略联盟，构建了产业创新链。2015 年，新增高新技术企业 85 家，为历年最多，至此，全区累计有国家高新技术企业 237 家。规模以上工业企业高新技术产业总产值同比增长 14.2%，远高于工业企业总产值 3.5% 的增长率。自治区还实施了企业知识产权托管工程，确定试点服务机构 12 家，累计投入服务经费 700 多万元，发展托管企业 350 多家。

四是为破除人才流动的体制机制障碍，2016 年起允许高校、科研院所的科技人员经所在单位批准，采取兼职、挂职、参与项目合作等方式，带着科研项目和成果，保留基本待遇到企业开展技术服务、创新工作或创办企业。允许高校和科研院所设立一定比例的流动岗位，吸引有创新实践经验的企业家和企业骨干科技人才兼职。

综观内蒙古科研管理体制改革的历程，改革已经到了攻坚阶段，盟市所属科研机构改革稳步推进，技术开发类的科研事业单位已经基本实现了转企工作。如内蒙古交通设计研究院，2001 年由事业单位整体转制为科技型企业，并更名为内蒙古交通设计研究院有限责任公司。内蒙古计算机研究院 1999 年打破单一所有制，调整了利益关系，改制成为股份制高新技术企业，并在全国率先实行期权激励制度；内蒙古医药工业研究所的国有资产已全部退出，改制为民有民营的有限责任公司；内蒙古自治区轻工研究所利用具有自主知识产权的科研成果联合 7 家单位，投资 1400 万元，共同组建了内蒙古双奇药业股份有限公司。实践证明，通过转制使区直技术开发类科研机构的科技成果转化能力明显增强，以市场为导向的技术创新能力进一步增强，新兴产业迅速发展，正在成为自治区高新技术产业发展的中坚力量。

第二节 科技成果转化体制存在的问题

虽然内蒙古的科技管理体制改革取得了一定的经验和成果，但受到多种因素的影响和制约，一些制约科技成果转化的体制机制问题仍未破解。

一、"政事分开，事企分开，政企分开"导致科研单位促进成果转化的动力不强

很多科研单位习惯于被政府"养着"，舍不得丢掉"事业单位"这块牌子，不愿意接受市场的考验。于是，产生了事业单位双法人的怪现象，即集事业法人和企业法人于一身，事企不分。那种埋头苦干于实验室，科学理论重于科技实践的风气在科研院所依然盛行，研究成果多以专利、论文、专著和验收成果等纸质材料存档。例如，内蒙古每年平均取得农牧业科技成果达200余项，这些研究由于受市场、研究方向、选题经济条件、环境、人力和技术等多方面的影响，取得的部分成果与现今社会需求的技术相互矛盾，落后于社会需求，走在了社会发展的后面，甚至有科研成果出现重复研究的现象，使成果转化应用转化能力受到严重的限制。

二、一些历史遗留问题久拖不决，改革面临很强阻力

一些简单的、容易完成的、争议较少的事项基本改革完毕，到现在剩下的都是改革的"硬骨头"，如内蒙古水利水电勘测设计院的防洪灌溉、内蒙古农牧科学院的农牧业科学技术研究、内蒙古地质勘查设计院的国有矿藏勘探等直接交给市场后能否更好地促进科技成果转化、提高经济效益，至今充满争议。以往难以解决的以及应该解决却由于诸多原因没有得到解决的问题都集结在一起，必然成为进一步改革的阻力。

三、一些改革文件未得到应有的落实和执行

改革往往会触动有关方面的利益，科技管理体制改革过程中面临的博弈比比皆是，例如，科研单位一再强调自身的公益职能，向上级单位要资金、要权、要政策，即使是政府和学术界都论证过的改革事项，也尽量拖延。又如，自治区党委、政府文件明确规定："未参加当地基本养老保险社会统筹的技术开发类科研机构，转制后从2001年1月1日起都要纳入企业基本养老保险社会统筹；2001年1月1日前的连续工龄视同缴费年限，不再补缴养

老保险费。”但在改革中缴纳问题得不到认可和落实，各单位和职工应从2001年1月1日起按规定缴纳的基本养老保险金无法纳入社会统筹已有一段时间，随着时间的推移将对转制院所和职工造成越来越重的负担。因此，尽快落实改革的政策文件，已成为深化改革十分迫切的问题。

四、改革的效果存在很大差异

经历了同样几轮改革的内蒙古科研单位，在通过成果转化推广提高单位效益方面却呈现出不同结果。转制后，有的单位改变了原来人员臃肿、成果转化效率低下等问题，不但经济效益连续数年持续增长，人才队伍得到优化，创新能力稳步提高，而且科技人员收入水平提高，充分调动科技骨干的积极性。比如，内蒙古交通设计研究院改制以来，积极引进人才，瞄准市场需求加大创新力度，科研成果得到市场的广泛认可，目前已经获得国家建设部、发展和改革委员会、国土资源部颁发的公路工程勘察、设计、工程咨询和工程测量的甲级资质证书；国家商务部颁发的对外经济合作经营资格证书以及进出口企业资格证书。也有一些单位几乎处于停滞状态，改制前后的成果转化水平没有多大变化，靠改革前留下的大楼租金过日子，比如内蒙古石油化工研究院。

第三节 内蒙古推进科技管理体制改革的实施路径

一、改革科研院所组织机构设置和管理运行机制

深化科研院所和国有企业改革，实行有利于加速成果转化的扁平化管理结构。在国家政策制度框架下，逐步推广以项目负责人制为核心的科研组织管理模式，赋予创新型领军人才更大的成果支配权。打破科技工作者流动的体制机制障碍，鼓励高校和科研院所采用更加开放的用人制度，自主决定聘

用流动人员。放宽对成果应用、推广与收益分配等方面的限制，在经费使用方面为成果转化松绑。

经验借鉴 9-1：中国科学院促进科技成果转移转化专项行动

2016 年 3 月 31 日，中国科学院在京宣布，将实施“中国科学院促进科技成果转移转化专项行动”。这一专项行动涵盖项目选择、资金支持、平台建设、人才培养、政策环境和文化氛围建设等多个方面，中科院科技促进发展局局长严庆表示，希望通过专项的实施，调动中科院全院科技力量全面推动科技成果转移转化工作，“以前我们总觉得科技成果转移转化是科研活动的‘副产品’，希望通过专项的实施将科技成果转移转化变成科研人员的主动行为”。

中国科学院将设立专项资金 5 亿元，遴选 10 个左右有望在 3~5 年内产生重大影响的成果，重点支持机器人与智能制造、干细胞与再生医学等成果在“十三五”期间投入工业生产或升级改造；量子通信、超导电子学、页岩气开发关键技术面向产业应用进行前瞻布局。

中国科学院希望通过专项行动的实施，到 2020 年，中科院科技成果转移转化使社会企业新增销售收入超过 6000 亿元/年，利税 600 亿元/年；中科院院所投资企业提供就业岗位超过 15 万个，营业收入超过 6000 亿元/年，利税 600 亿元/年；中科院院属机构孵化“双创”企业 5000 家，为不低于 2 万家企业提供“四技”（技术开发、技术转让、技术咨询、技术服务）服务；“十三五”期间专利实施超过 1 万件次，比“十二五”翻两番。

二、建立面向成果转化的激励机制

科技成果转化过程中存在的诸多不确定因素使科研人员不愿意主动涉足转化环节。没有压力就没有动力，可以通过适当降低科研人员工资、奖金发放比例，鼓励他们和课题组面向市场公开出售科研成果，按照多劳多得的原则分配收入，奖励成果发明人、推广人的工作积极性。建立成果转化专项配套基金，根据成果转化不同阶段给予适当的资助，在科技成果转换为现实生产力后让科研人员获得全部成果转化专项基金，以此推动成果转化工作。

经验借鉴9-2：华为员工持股案例

华为能从6个人走到今天成为10多万全球员工、年营收4000亿元的民营跨国巨头，一个重要原因是创始人任正非建立了一种让所有参与企业建设的知识分子共享企业发展成果的激励机制——员工持股计划，有效地把知识分子的积极性调动了起来。

华为员工持股计划其实也是“摸着石头过河”，与顶层设计相结合，一步一步走过来的，大致可分为三个阶段：

1990年：探索阶段。基于任正非的分享意愿，这是一种潜意识的、自发形成的、朴素的员工持股计划。当时没有想到制度设计，也不是学哪一个企业做员工持股计划。

1997年：规范阶段。基本特征是工会代持。

2001年：重新设计。虚拟饱和受限股，创始人与工会共持。借鉴了国外员工持股计划的理念和实践，是华为的员工持股计划第一次顶层设计。2001年，华为真正实现能够进入员工持股计划系列中的虚拟受限股，也就是说今天的华为员工持股计划是从2001年开始的。它有几个关键词，第一，是虚拟的；第二，华为的员工持股计划是饱和的，按照职位评价、职位等级设定了上限；第三，是受限股，不交易、不转让、不继承。

华为根据1997年建立的《员工持股计划（ESOP）》授予高绩效员工股票，按照该员工的工作水平和对公司的贡献决定其获得的股份数。华为员工是通过工会持股。绝大多数员工的持股量为数万股（工作3年的14级员工），而极少一部分人的持股量达到了数百万股。截至2012年12月31日，华为投资控股有限公司工会委员会的持股比例为98.82%，任正非出资比例为1.18%，参与员工持股计划出资占公司总股本的0.21%，两项累计，任正非在华为的总持股比例接近1.4%。每个当前受雇于华为的持股员工都有权选举和被选举为股东代表，选举为每五年一次。持股员工会选出51人作为代表，再从51名代表中选出华为17人董事会的成员以及监事会。2013年，华为公司99%股票由80000名员工持有（当时华为约有150000名员工），这一数字在2011年12月为65596名，2012年12月为7.43万名。华为公司股票2013年的定价为每股5.42元。2010年每股分红2.98元，2011年为1.46元。

华为员工持股计划令员工（包括任正非本人）在分得年终奖后，不仅需要全部投入用来购买分得的股票指标，甚至还需要贷一部分款，才够买下分得的全部股票指标。所以，其效果正如张利华在《华为研发》中透露的：“如果不离开华为，人才其实一直在欠华为的钱，或者倒贴给华为辛苦赚来的工资，如果一旦华为停止成长或关门，所有员工投入到华为的钱会血本无归。华为就是采取这种利益捆绑方式将人才紧紧拴在公司的大船上，将人才导向公司的整体利益和发展。”

三、鼓励科研人员创办科技企业

国内科研成果转化情况表明，民营科技企业对新成果有较强的吸引力，扮演着科技成果转化的主要推动者的角色。科研机构应该鼓励那些对创办企业有较高热情的科研人员创办、参与科技企业。通过创立“种子基金”为他们提供启动资金，还可以成立专门的风险投资公司，对他们创办的企业给予资助。

经验借鉴 9-3：湖北省“科技成果大转化工程”案例

在科技成果转化取得显著成绩的同时，2015 年湖北省科技厅在“科技企业创业与培育工程”的基础上，启动实施了“科技成果大转化工程”，旨在服务高校、科研院所、企业的科技成果转化和科技人员创业转化。据不完全统计，科技成果转化资产处置与收益分配实施以来，武汉东湖高新区已有 520 多项科技成果入园转化；在鄂高校、科研院所出台相关细则 38 项，新创办企业 243 家，转化科研成果 853 项。与此同时，纤维增强复合材料、高性能金刚石镀膜技术、光功率热分析仪、共聚焦显微内窥镜等一批科技成果也已与创投机构达成投资意向。

尽管科技成果转化前景大好，但是科技成果转化过程中的“瓶颈”问题仍需进一步突破。科技成果转化是一个系统工程，一项科技成果的成功转化主要取决于四个条件：一是宽松的政策环境和成果所在单位落实政策的积极性；二是成果具备相当的技术成熟度与市场价值；三是良好的市场环境和企业承接成果的能力；四是成果持有人的意愿与能力。

为加快“创新湖北”建设，湖北省自 2015 年起在全省范围内实施科技成果大转化工程，该工程以市场为导向，以“出成果、促转化”为目标，广泛动员科技管理部门、高校和科研院所、中介服务机构、企业和投资机构，多方协作联动，旨在探索形成上下联动、横向协同、运行顺畅的科技成果转化与区域扩散机制，进一步破解制约科技成果就地转化的“瓶颈”。

该工程本着“系统动员，机制创新，责任明确”三大基本原则，力争在 2015~2017 年组织 3000 项先进适用科技成果在湖北省内企业转化扩散，并实现市州县全覆盖。其中，每年组织实施 1000 项左右科技成果在省内转化扩散，50 项高校院所重大科技成果在湖北省内商业化应用。3 年内，3000 项科技成果带动社会投资过 100 亿元，促成技术合同成交额过 80 亿元。

四、启动高校综合改革试点

推进内蒙古大学、内蒙古工业大学、内蒙古农业大学等高校在办学体制、内部管理体制、人才培养机制、人事制度、评价制度、科研体制等方面探索更加适合科技成果转化的道路，完善科技成果转化激励机制，允许按规定协议确定科技成果交易、作价入股的价格，为全区产学研用融合发展提供可复制、可推广的经验范式。高等院校、科研院所设立科技成果转移转化工作机构，建立符合科技成果研发转化特点的内部激励制度。鼓励设立一定比例的流动岗位，聘请有创新实践经验的企业家和企业科技人才兼职从事教学和科研工作。深化高等学校创新创业教育改革，在高等学校普遍开设大学生创业教育必修课程，举办有影响力的创新创业大赛，营造创新创业的浓厚氛围，增强老师及学生的创新精神、创业意识和创新创业能力。深入实施“职业教育水平提升工程”，推进职业院校布局结构调整，加快推进现代职业教育体系建设。

五、以事业单位分类改革为抓手，推动科研机构成果转化

推动市场前景良好、成果转化能力强的科研机构转企改革，改革人员管理体制机制，激发科研人员活力。落实研发费用加计扣除政策，对改革过渡期的科研事业单位可以实施税收减免，增加科研机构收益留成，让科研机构自主决定成果受益分配，鼓励科研机构建立股权、期权、绩效等激励制度，增加科研人员或团队的收入，让科研机构和人员通过成果转化、转让，加快新技术使用获得实实在在的收益。

第十章　重构科技成果转化的商业模式

科技创新成果的商业价值最终还是通过成立商业化运作模式来实现。要实现科技成果转化，除了市场需求以及核心技术，还需要有一个良好的商业模式。市场、技术和商业模式构成了科技成果转化的三个核心要素。

第一节　商业模式的内涵与作用

一、商业模式

如果说技术创新属于经济学范畴，商业模式创新则主要属于管理学范畴。商业模式描述了企业如何创造价值、传递价值和获取价值的基本原理。可以把商业模式看成是一个组织在财务上维持自给自足的方式，即企业维持生存的方式。国内外众多学者对商业模式的理解不尽相同，本书采纳瑞士学者亚历山大奥斯特瓦德和比利时学者伊夫皮尼厄合著的 *Business Model Generation* 中的观点，将商业模式定义为由以下九个板块构成的统一系统：客户细分、价值主张、渠道通路、客户关系、收入来源、核心资源、关键业务、重要合作和成本结构。因此，以上九个板块中的任何一个板块的创新，都视为是一种商业模式创新。

二、商业模式创新是科技成果转化的重要推动力量

激烈的市场竞争与高速发展的科技环境，迫使技术创新成为企业竞争的核心工具，科技成果要转化为现实生产力，需借助商业模式创新的管理工具。任何一个组织都存在商业模式，包括客户细分、价值主张、渠道通路、客户关系、收入来源、核心资源、关键业务、重要合作和成本结构等。商业模式创新主要有创新的动力机制、路径探索、组织实施、阻力分析与排除等。科技成果转化是由知识性商品，转化为供给市场销售的物质性商品的经济行为过程。它具有过程的不确定性、经济技术的复杂性、路径措施的规范性、技术创新的基础性、技术发展的不可逆性、技术的隐含性、人员的流动性、成果的非独占性等特征。

商业模式创新的核心问题，是关注企业或用户的本质需求。科技成果转化必须以企业需求为研究重点，它是科研选题和科技成果转化的依据。现有科技成果包括论文、著作、专利、软件著作权、科研合同项目、咨询报告及政策性建议等，特别是"原型"和"样机"，是具有推广应用价值的生产力标准。科技成果转化率低的主要原因，就是未能符合企业需求，其成果往往只有学术价值，仅用于科研考核、科研津贴、职称评审等，无法转化为现实的生产力。

商业模式创新的核心价值，是产业链上最有价值的环节。成果转化要具有产业化开发、中试和应用推广价值，要进行投入与产出的效益评估、产业化经济价值测算、投资回报比例和期限估算，以及项目招标、投标、评标、询标、中标、公示、签订合同等程序。企业技术创新关注产业链中最具价值创造和升值空间的环节。有的具有较高市场应用价值，可直接通过商业模式加以转化；有的具有市场应用价值。但需要与其他科技成果合并共同转化；有的则需要进行二次开发后再投入市场。对没有市场应用价值的要停止开发；对具有市场应用价值但缺少配套转化和激励机制的，需创造条件或等待条件成熟后再转化。

商业模式促进成果转化，是激烈竞争市场倒逼机制。在经济全球化浪潮、金融危机影响和网络营销技术的推动下，市场竞争十分惨烈。我国经济

转型产业升级已形成一种前所未有的态势，众多企业正处于优胜劣汰的十字路口，“倒逼”着企业通过技术创新活动为用户提供新产品或新服务。为此，期盼高校和科研机构的科技成果尽快转化为现实生产力。商业模式创新和科技成果转化涉及企业、高校、科技中介、政府管理部门等，需要建立创新的协调机制。

第二节　以消费为核心重构科技成果转化的商业模式

随着互联网的不断发展和进步，越来越多的企业和行业投入电子商务模式应用中，从电子商务交易主体来看，目前我国的电子商务模式以 B2B、B2C、C2C 模式为主，但是随着用户对“定制化”需求越来越迫切以及企业对用户体验和交互性的不断重视，又因社交、交易、体验、营销等活动开始在互联网平台的兴起，这些质的改变也推动着各行各业的信息化发展，一些互联网企业以及实体企业寻求新的互联网商业模式以应对全球化发展。

近年来，众包模式、众筹模式、预售模式与新锐概念 O2O 模式的出现和普及，为互联网与实体企业的发展带来新的商机。也为科技成果转化本身和平台的发展带来新的契机。

表 10-1　2011~2015 年新型互联网商业模式内容

互联网商业模式	内容	案例
众包模式	众包模式就是企业通过互联网平台将一些任务外包给大众，目前我国众包模式主要是一种服务认领形式，由个人向企业提供相关作品或者服务，在设计、技术开发、网络推广优化等方面得到广泛应用。可以分为由企业发布需求、个人认领任务和由个人发布服务供给、企业决定是否认领两种模式	猪八戒网、智慧岛、Elance-oDesk
众筹模式	众筹源于众包，是一种融资创新，即企业或个人通过互联平台向大众用户、银行、风险投资机构等投资者为某一创意项目进行融资	Kickstarter、点名时间

续表

互联网商业模式		内容	案例
预售模式	聚合需求形式	将分散的需求聚集，企业根据聚集的需求进行生产活动，这种可预知性生产避免了企业资源浪费，理想状态可以实现零库存，对于用户来说，预售形式购买商品可以获得低价格	美团网、淘宝聚划算、大众点评
	要约形式	要约形式是消费者与企业角色的互换，表现形式是消费者逆向拍卖和逆向团购，属于定制价格业务，由消费者出价，商家选择是否接受	Priceline
O2O 模式		O2O 模式即 Online to Offline，即从线上到线下，将线上的用户引导到线下实体店中享受服务。目前 O2O 模式在旅游、房地产、餐饮、娱乐、电子购物券等多个领域得到成功应用	美团网、大众点评

一、众包模式在科技成果转化中的应用

（一）众包模式简介

目前，国内提供科技成果转化服务的典型平台主要有江苏省生产力促进中心、上海研发公共服务平台、广州科技资源公共服务平台，这些技术研发与成果转化平台功能服务不完善，运营模式单一，缺乏技术研发主体之间信息交流，众包模式通过互联网，可以利用专业人士和非专业人士的创意和技能解决企业在技术成果转化过程中出现的问题。因此，扩展和完善目前科技成果转化平台传统的运营服务模式，将众包这种新颖的商业模式应用到技术研发服务平台中是十分必要和可行的。

科技成果转化平台作为技术需求者与供给者的连接载体，不仅促进双方的交易对接，还可以聚集技术专业人才，解决在技术成果应用过程中的问题。企业可以通过科技成果转化平台以众包的形式将一些小型工艺技术委托给平台中的技术专家。目前已经有少量案例表明众包模式在技术研发过程中应用的可能性，始于 2006 年的星际家庭实验室计划（Stardust@ Home）是一个持续性的公民科学工程，它利用众多互联网志愿者参与星尘号飞船发回的

二维固像的星际尘埃样本的识别；再如，Gutenberg 项目下的分布式校对，召集大众校对电子文本中的错误，以完善最古老的数字图书馆 Gutenberg 的电子文档收藏。

众包模式在技术研发服务中的应用的总体框架如图 10-1 所示，该应用系统是一个多边平台系统。平台主要拥有两个客户群体：发包群体和接包群体，发包群体主要包括企业、高校以及科研院所，收包群体主要细分为高校、科研院所以及个人。除此之外，平台还拥有其他客户群体，包括一些第三方科技服务机构等。每个客户群体都有其自己的价值主张，每个客户细分群体之间是相互依存的。

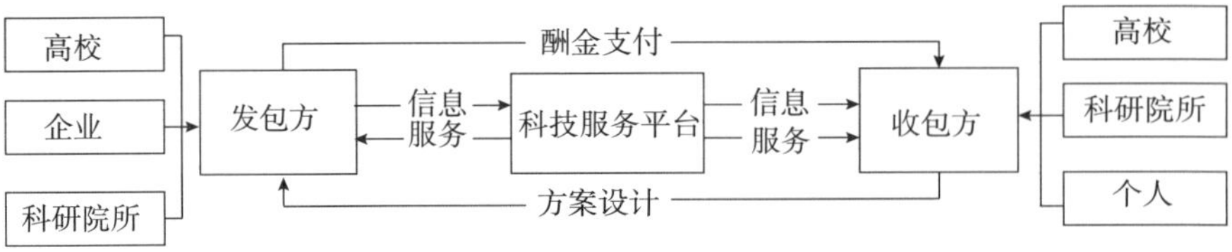

图 10-1　科技成果转化服务平台中众包模式应用系统架构

案例一：内蒙古打造全国首家四众创业市场

内蒙古自治区人力资源和社会保障厅会同有关方面运用众创、众包、众扶、众筹等“互联网+”方式，建设全国首家自治区级四众创业市场，其功能为：创业有场所、买卖有平台（助创产品既能购买，也能销售；既可批发，也可零售）、运作有项目（有创业的项目库、名师库、人才库、求职群体库）、整合有机制（要找市场、不找市长）、管理有规范；企业做大有途径（企业运营、转向、并购、进入新领域有相应方案），企业做强有资源（提升队伍、改进管理、优化布局有相应资源）。

四众创业市场计划到 2020 年，总部园区直接实现 1000 人成功创业和 1 万人稳定就业，带动园区周边区域群体就业 5 万人；引进高层次团队 10 个、高层次人才 200 人，实现产值 100 亿元，扶持上市企业 5 家以上。到 2025 年，该园区通过市场机制整合相关园区，直接实现 1 万人成功创业和 5 万人稳定就业，带动园区周边区域群体就业 20 万人；引进高层次团队 50 个、高层次人才 300 人，实现产值 1000 亿元，扶持上市企业 20 家以上。

（二）众包模式应用案例——智慧岛

智慧岛（http：//www. zhihuidao. com. cn/）是一个基于互联网协作创

新的众包横式服务平台，提供技术解决方案、技术交易等服务。随着互联网发展带来的丰富资讯和便利性，许多用户会选择在网上寻求解决方案，技术服务商和双边技术交易网站也开始在实际中应用。智慧岛正是基于这种机遇，通过互联网让用户找到属于自己满意的解决方案，致力于打造成高端“智力资本”交易的双迈平台，成为技术交易领域中有影响力的专业平台之一。

智慧岛的定位就是将一些专业人才与各种需求聚集起来，利用专业人士的智慧为企业以及个人提供多样式的解决方案。智慧岛商业模式要素分析如下：

1. 利益相关者

智慧岛的利益相关者主要分为两方：发包方和接包方。其他利益相关者有第三方支付机构。

发包方。智慧岛平台中的发包方主要是企业以及个人。企业在运行发展中为了摆脱自身能力资源限制将一些工作任务通过平台转移给有能力的人。目前智慧岛平台发包方主要是一些中小型企业，发布的任务主要集中在网站建设、软件开发、Logo设计、结构设计、文案、能源开发等方面。智慧岛平台提供了不同类型的任务发布模式供发包方选择，可以有效帮助发包方解决问题。

接包方。智慧岛平台中接包方主要是网络大众，也包括一些企业。这些网络大众凭借自己的专业知识技能为发包方解决问题，并从发包方那里获得报酬。接包方在智慧岛中的项目参与模式有悬赏任务、竞赛任务、计件任务和招标任务。悬赏任务、计件任务的接包方主要是个人，具有任务简单、周期短、酬金较少的特点。竞赛任务的接包方主要是一些大学生、教师等以一个团体为单位，具有周期较长、酬金较多的特点。而招标任务的接包方主要是一些企业，工作具有任务复杂、周期长、酬金多的特点，更多地表现为线上对接，线下合作。

第三方支付机构。支付宝是智慧岛平台的主要合作第三方支付机构。第三方支付机构在接包方与发包方交易时起着托管资金和转账支付的作用。支付宝作为全球领先的第三方支付机构，智慧岛与其合作可以避免用户担心资金安全问题，同时快捷简单的操作也深受消费者的青睐。

2. 价值主张

价值主张是商业模式的战略起点，就是向目标客户提供价值产品和服务来满足市场需求。智慧岛作为综合类交易平台，其服务的主要对象包括企业、个人及专家。平台通过聚集各个领域、各个层次的专业人才，利用他们的智慧为大中小企业及个人用户提供省钱、省时、省心的多样式解决方案，确保智慧需求方和智慧供应方都能从中受益。智慧岛用户不仅可以在线发布自己的需求，如科学、技术、生活、学习问题，也可以凭借自己的专业特长，为他人答疑解疑，提供专业解决方案，把自己的智慧、知识、能力、经验转换成实际收益。

3. 价值创造

价值创造是企业通过整合内外部服务资源，确定为客户所提供的服务内容，并依据服务内容设计相应的服务流程，从而实现客户价值。

智慧岛为用户提供的服务内容主要包括信息管理服务、在线对接服务、资金托管服务、创新资源。

信息管理服务。智慧岛为发包方提供了用户基本信息管理以及任务发布管理服务。对于完成任务方，为接包方提供基本信息管理以及任务参与管理服务。发包方可以根据交易类型发布需求，其交易类型包括：悬赏任务、计件任务、招标任务和竞赛任务。

在线对接服务。众包模式下，为了实现发包方与接包方之间无缝对接，智慧岛为用户提供解决方案在线提交服务。发包方可以在平台上发布不同的交易类型，接包方通过信息的筛选根据自身的能力知识为需求方提供任务方案。

资金托管服务。为了保证交易的安全性，提高交易成交率，平台制定相应的交易保障制度，为用户提供资金托管服务，发包方在发布需求后需要提供资金并由平台托管，一方面吸引服务提供商提供方案，另一方面确保交易能够顺利进行下去。

评价服务。评价服务是发包方与接包方在完成对接后，双方互相评价对方的服务质量。通过评价服务可以形成用户的诚信档案，诚信档案包括用户的违规记录以及用户的信誉等级，便于其他的用户在交易对象的选择上能够更好地做出决策。

创新资源。创新资源是平台为专业企业与专业人才提供的创新资源展示平台，用户可以通过该服务推广自己，上传自己的作品与视频介绍，便于需求者能够更好地与这些专业人才和企业进行对接。

4. 价值传递

智慧岛的价值传递过程就是通过设计相应的服务流程将价值内容传递给用户，智慧岛通过聚集专业人才资源，配合平台内部资源，为不同的交易类型设计不同的服务流程和规则，多样化的交易类型可以满足不同客户的需求。智慧岛的交易类型分为三种：悬赏任务、计件任务和招标任务。

悬赏任务。悬赏任务是指企业或个人填写需求信息进行发布，供给方根据任务发布方的要求进行投稿或提交作品，任务发布方可以从众多的方案中进行选择，更加安全、便捷。该种交易类型适合创意多、周期较短的任务。具体的服务流程如图 10-2 所示。

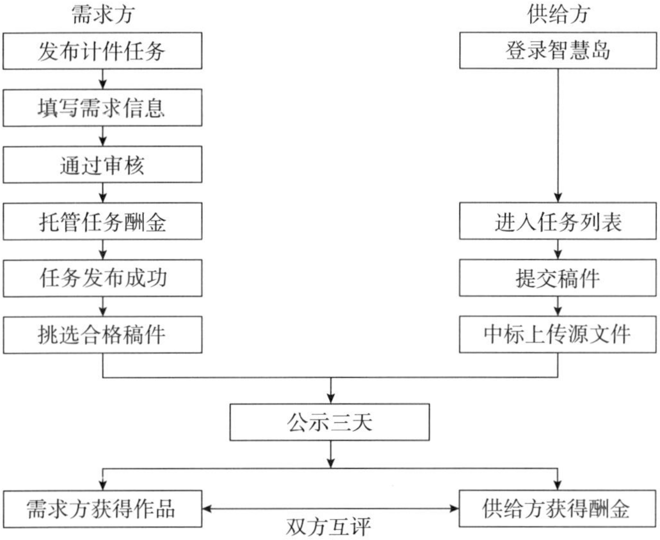

图 10-2 悬赏任务服务流程

计件任务。计件任务是平台为任务发布方提供的按件计费的交易方式，方案合格一个就支付一个的费用，该种交易类型成本低、操作便捷。任务发布方通过平台发布计件任务需求，可以在任务中设置需要的稿件数量，同时设置愿意支付每个稿件的费用。任务发布方必须对合格的稿件进行选稿，若任务发布方所需稿件数已选满，则多出的稿件得不到任务酬金；若任务发布方所需的稿件数未满，则剩余的任务酬金退还给买家。中标服务商不需要提交源文件，交易成功也不用进行公示。具体的服务流程如图 10-3 所示。

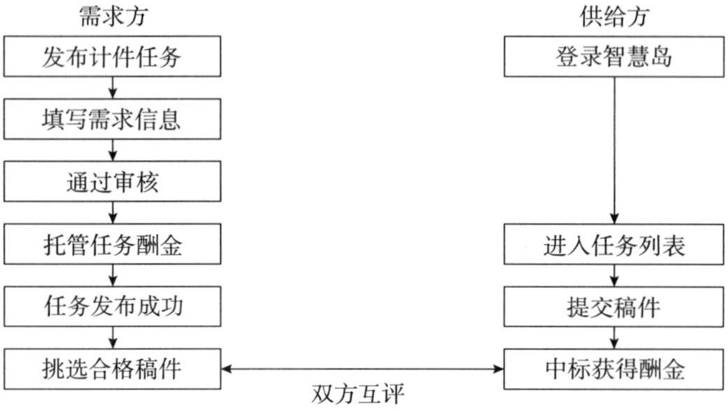

图 10-3 计件任务服务流程

招标任务。招标任务是平台为需求方提供的通过招标的形式选择满意的供给方。供给方按照需求方的要求提交标书或初步方案，需求方从中选择适合的服务供给方，需求方根据供给方的相关资料最终确定中标方，然后双方线下自行合作，签订相关协议，任务资金自行安排交接，供给方在填写投标信息时，为了展现自身的竞标优势，可以添加一个竞标相关资料的附件（可以是作品、相关资质、任务初步方案等），需求方可以根据自身需要，对供给方提交的作品提出修改意见，供给方需将作品修改到需求方满意为止。具体的服务流程如图 10-4 所示。

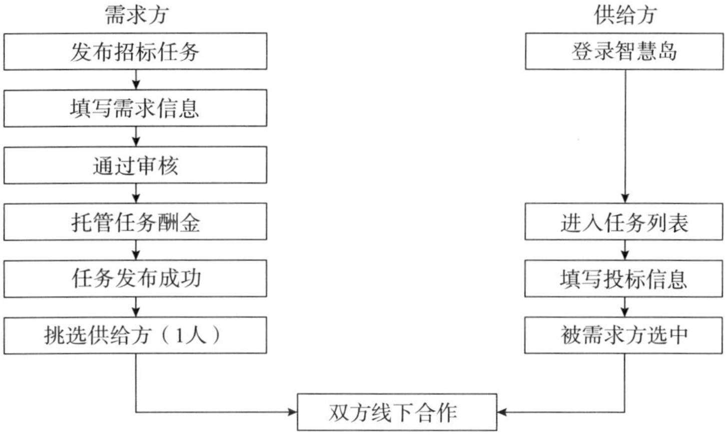

图 10-4　招标任务服务流程

5. 价值获取

智慧岛不同于其他交易网站双方收费标准，它的盈利对象是需求的发布者，供给者是平台的“补贴方”，平台通过不同交易方式的特点设计不同的盈利模式，以灵活多变的收费方式保障平台的可持续发展。从上述服务模式中可以看出智慧岛平台的三种交易方式：悬赏任务、计件任务与招标任务。对于悬赏任务与计件任务，中标的服务商将获得相应任务酬金的 80%作为中标奖金，智慧岛网收取相应酬金的 20%作为平台服务费。对于招标任务，智慧岛网只收取买家 200 元信息发布服务费，如买家和服务商达成合作，中标服务商 100%获得项目费用，智慧岛不再收取任务平台费。

6. 制度保障

智慧岛不仅设计灵活多变的盈利方式，而且制定交易保障制度保证交易双方的利益。对于需求发布方来说，需求方发布的需求，当解决方案（稿件、作品等）数量少于 5 件时，智慧岛减去转账费用后，退还 80%的任务酬金给需求方（大型项目或任务金额超过 5000 元以上不适用本条），当解决方案（稿件、作品）数量为 0 时，智慧岛减去转账费用后，退还 10%的任务酬金给需求方，需求方可联系拟选择的服务商（解决方案提供方）修改解决方案（稿件、作品），使方案更符合自身需求，对于供给方来说，智慧岛平台上所发布的任务，主办方均提交了任务酬金，服务商可放心参与任务；若需求方超期不选方案的，由智慧岛平台自动选稿或根据平台自身经验代替买家选择方案，中标的服务商可获得相应的酬金。

二、众筹模式在科技成果转化中的应用

（一）众筹模式简介

很多企业在初创阶段无论是通过银行贷款还是股本融资等方式来吸引外部资金的注入都面临着很大的困难，虽然天使投资和风险投资基金可以帮助企业填补创业企业的资金缺口，但是由于这些风险投资人对于融资项目的门槛过高，期望的回报率也高，所以很多资金规模需求比较小的项目很难获得此类风投机构的风险投资基金，很多小企业家往往不得不向亲戚、朋友筹集。然而，仍然存在很多项目或者缺乏足够的价值吸引投资者或者因为创业者无法说服投资者进行投资等而无法成功募集到项目的启动资金。为了解决这些问题，一种新型的筹资方式——大众筹资出现了。

随着传统互联网、移动互联网的高度发展，以 Web 2.0 和网络社区化成为互联网主要交互模式，大众媒体、在线社区和电子商务技术的成熟，以及创业家在企业的初创期时项目融资困难程度的增大，在资金需求量较小的情况下，大众筹资作为新型的融资手段成为很多初创型企业筹措资金的一种方式。众筹平台在国外发展迅速，美国最大的众筹融资平台 Kickstarter，截至目前，超过 20 万个项目在平台发起，最后成功融资率达到 38.96%，众筹模式的快速发展受到我国关注，“点名时间”是我国第一家众筹平台，诞生于 2011 年，上线一年，收到 5000 多项目提案，筹集资金从几百元到百万元，2013 年 8 月，点名时间首个破百万项目《大鱼海棠》筹资成功。可见，众筹模式对于企业融资具有强催化作用。

根据众筹模式的运行复杂的程度不同可以将其分为以下几种模式：模式一是基于捐赠与赞助的众筹，是一种无偿投资模式，投资者通过平台对项目进行无偿捐赠，目前该种模式在一些公益性平台得到广泛应用，像支付宝中的爱心捐赠应用；模式二是基于奖励预售的众筹，奖励众筹时项目发起人投资人进行的非金融性奖励回报，基于奖励的众筹模式主要应用于创新项目的产品融资，例如，对一些技术产品、电影等产品的融资。预售众筹模式是指

产品服务在生产出来之前，通过众筹平台发起预售筹资活动吸引投资者，在获取到资金后完成产品生产，并在规定的时期内为投资者提供产品或服务。这种模式在 Kickstarter 和点名时间上得到广泛的应用，例如，在一个微电影的众筹项目中，融资者在完成筹资活动后会以电影纪念光盘等作为回报。同时，达种模式不仅可以帮助企业完成融资，而且可以在某种程度上协助企业进行市场需求分析，生产符合用户需求的产品和服务。模式三是基于借贷的众筹模式，是指融资者直接通过平台向大众投资者借款，该种模式下，平台具有多样性作用，不仅起着中介纽带作用，有的平台同时承担着向投资者还款的作用，需要平台建立严格的审核制度对风险进行控制。目前，这种模式应用主要表现在 P2P 平台，例如，有利网通过设计多样化金融产品提供给投资者，投资者可以在规定的时期内获得相关收益。模式四是基于股权投资的众筹模式，是指企业通过众筹平台以公司股权作为回报向投资者筹集资金。这种模式适用于初创型企业尤其像互联网、计算机软件等科技型企业。

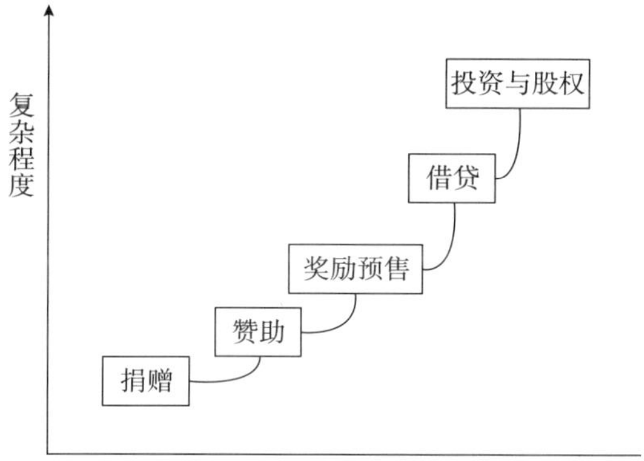

图 10-5 众筹模式类型

中小企业在科技成果转化中占据举足轻重的地位。融资渠道不完善不但限制中小企业的发展，更使许多有前瞻性的创业家们无法实现自己的梦想，使很多有前景的创业项目无法得以实施。众筹模式的发展为这些中小企业提供了新的融资渠道，为中小企业的发展注入了新的血液。

（二）众筹模式典型应用案例——Kickstarter

Kickstarter（https：//www. kickstarter. com/）成立于 2009 年 4 月，是

为拥有好想法、好创意项目的企业或个人提供向大众筹资的平台。随着Kickstarter众筹平台的成功运行，国内外诸多平台复制它的商业模式。包括我国目前最知名的点名时间，其运营模式也几乎是照搬了Kickstarter。

1. 利益相关者分析

Kickstarter是典型的双边平台，因此，Kickstarter平台中的主要利益相关者包括资金需求方、资金提供者及平台自身。为了实现资金需求方与资金提供方的高效对接，其他利益相关者如第三方支付平台需要为交易双方提供支撑性作用。

资金需求方。从Kickstarter平台的价值主张中可看出资金需求方是那些拥有创意想法却缺乏资金的用户。目前在Kickstarter上发布项目的大多数是一些属于个人兴趣的中小型项目，这一类人的创意想法往往无法得到专业投资者的青睐，而Kickstarter平台提供了一个可以向大众展示自己创意和筹集资金的通道。申请人只需要将自己的创意发布到网站上，而不需要经过经纪人、基金会、慈善家等人，大众筹资平台赋予申请人极大的自由度，使他们获得赞助的可能性大大增加。在展示创意/募集资金以及项目进行的过程中，发起人往往还能够得到潜在用户和爱好者的意见和建议，这对于尚未成型的产品来说是一条极佳的改良和集思广益的途径。对于商业化产品来说，Kickstarter平台模式还有一个额外的好处，那就是能够提前与自己的用户建立起密切的联系，同时对未来潜在用户需求进行预估，对产品的前景进行判断。

资金提供者。资金提供者是为项目发起者完成融资的投资人，与一般的投资机构不同的是，Kickstarter平台的资金提供者可以是互联网用户任何一个人。通过平台，资金提供者得以有机会直接帮助创造他们自己想要的产品，而不是由厂商告诉他们应该要什么，改变以往消费者的被动接受的状态，使满费者的主观能动性大大提高。根据资助的金额的不同，资助者可以得到一定的回报，从致谢明信片，到最终产品，来自设计者的纪念品等，对资金提供者来说，送些东西往往也是其感兴趣和乐于获得的东西。资金提供者也许也有自己想要实现的某些想法和创意，通过对他人的项目进行资助也可以对自己未来的募集资金积累经验。对于很多有意思的但由于各种限制而无法实现的创意，人们总会有希望能够尽自己一份力量帮助别人实现的想法。

第三方支付机构。为了保证投资者资金安全，Kickstarter 与亚马逊支付（Amazon Payment）进行合作，对筹集资金进行集中管理。Amazon Payment 是交易过程中最重要的资金托管平台，在交易环节中承担着支付、托管资金的作用。投资者只能将资金打入 Amazon Payment 中，而融资者也只能从 Amazon Payment 转移资金。在每笔交易完成后，亚马逊支付会从中抽取3%~5%的支付佣金。

2. 价值主张

Kickstarter 平台服务对象主要包括两方：一方是有新创意、渴望进行创作和创造的人，另一方则是愿意出钱、帮助他实现创造性想法的人。达成一致的双方共同见证新发明、新创作、新产品的出现。Kickstarter 相信，一个好的创意，通过适当的沟通，是可以快速地广为流传的；同时，聚集众人的力量来集结资金与精神上的鼓励，可以让人更实际也更有勇气去实践自己的好点子。总之，Kickstarter 的核心理念就是让大众在这个平台上帮那些创意人士和创业者实现梦想。

3. 价值创造

Kickstarter 的价值活动的重点不在于产品的制造与销售，而是通过整合信息流和资金流进行价值增值，因此其基础活动与辅助活动与传统行业相差很大。Kickstarter 的基础活动是帮助项目发布者获得项目实施所需的资金，为了保证这一基础功能的实现，需要平台提供创意指导和网络技术支持，包括提供完善的版面发布项目、安全稳定的资金支付平台、适当的宣传推广媒介以及人力资源支持。

友好的用户界面，鼓励回馈机制。Kickstarter 为用户提供了友好的界面，快速发起项目的界面为投资者节省了大量的时间以用于真正的项目宣传和执行过程。同时，平台界面会把项目发布方和一群目标族群进行匹配，例如，素食主义者、“苹果迷”、热爱某种生活方式者等。此外，Kickstarter 在融资方与出资方之间的对接上采用了诸多方法。它一般会要求融资方给投资人多样化的回报方式。比如，预购名额、折扣、限量个人化商品、抢先试用等。满足出资人先睹为快的好奇心及自我实现的自豪感。

严格挑选项目，制作成熟的筹资方案。由于平台会从成功的项目中收取5%的提成，所以平台希望提交的项目获得成功。发布到平台上的项目都事先经过了 Kickstarter 员工的审核和筛选，平台工作人员会对提交的项目做出各方面的评估和建议，力图提高项目成功的机会，以使 Kickstarter 上的项目质量有保证。除此之外，项目发布者需要准备一整套的项目方案，包括介绍视频、创意阐述、设计原型等，这一整套方案的准备使筹资者可以对自己的项目有更清晰的认识，同时也使其更容易为人们所了解和接受。发布在 Kickstarter 网站的项目不但要与其他网站中类似的项目竞争，还要与平台上众多的项目竞争以获得更多的投资，所以项目发布者必须尽最大的努力使自己的项目更有吸引力和说服力。

独特的 All or Nothing 机制。在 Kickstarter 平台上，除了部分允许投资者参与项目创作外，投资者对于项目本身没有任何权利进行干涉，为项目融资者保留最大的创作自由度。从这一点来看，出资者的非功利性才是 Kickstarter 最大的特色。独特的 All or Nothing 筹资机制也更好地促进了项目的成功。项目发布者需要事先设定好一个预定筹资额及筹资时间，在筹资时间结束前成功筹集资金的项目可以将资金提取出来实施项目，而如果筹资失败，资助者的资金全额返还。对于申请者来说，当自己的项目获得了一定数量的资助后，面对自己想法可能实现的前景，申请者往往会加大宣传的力度，试图让自己的项目能成功筹集资金，而资助者同样也更乐于资助那些有可能实现的项目，从而形成了一个良性循环。正是因为通过这些辅助活动相互整合，使 Kickstarter 拥有了完整统一的业务系统，可以保证基础活动的实现，从而为 Kickstarter 创造持续不断的价值。

4. 价值传递

价值传递是通过一系列业务流程创造价值，形成服务流、资金流、信息流，并从平台双边用户获取收益的商业系统。图 10-6 描述了 Kickstarter 的运营模式，揭示了 Kickstarter 服务流、信息流、资金流的流向。

Kickstarter 的运营流程详细地阐述了大众筹资平台的业务流程，以项目发布者提交项目为起点，按照顺时针方向运行，最终以项目发布者成功筹集到资金为终点；流程图左侧所展示的是平台的资金流，右侧则是平台的信息流，整个业务流程的顺利进行离不开大众筹资平台企业提供的各种服务流，最终 Kickstarter 从双边用户的资金流动中提取收益。

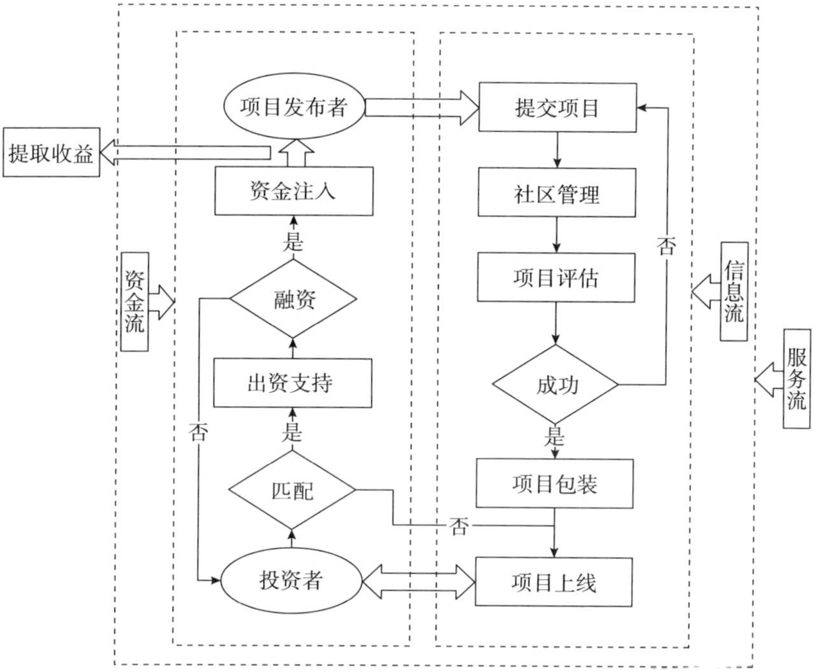

图 10-6 Kickstarter 的运营流程

项目发起者通过科技服务平台发布提交项目，形成社区管理，通过化区管理用户可以对项目进行修改、删除等功能，科技服务平台也需要对项目进行评估审核，对于一些具有市场前景的项目进行包装修饰后上线。服务平台的另一参与方投资者则只需要对其感兴趣的项目进行出资支持形成资金流向，当在规定期限内筹集满资金，资金将由平台流向项目发起方。同时，投资方也会得到相应的收益报酬。

5. 价值获取

企业在传统商业模式中获取价值主要源于直接销售产品或提供服务，如零售商通过销售产品，赚取销售前后差价。又如汽车制造商获取价值的方式一方面源于直接销售汽车，另一方面源于汽车保养、配件销售等后续服务获取。

Kickstarter 属于基于网络技术实现相关的商业应用以获取价值，作为商业网站由于主要依靠网络技术，其盈利模式更加多样、灵活，也更加复杂。与商业网站相比，Kickstarter 作为新兴的网络企业，它的利润源是从成功项目中提取 5%的管理费用。因此，筹资项目的成功率和资金总额决定了平台盈利的多少。项目募集资金成功是 Kickstarter 的利润点，项目的成功率对 Kickstarter 的盈利有重大影响。集资项目的内容以及展现形式是否具有高吸引性、资金提供者可接受的集资金额、项目回报、项目宣传方式这些因素对项目的成功有很大的影响，也最终会影响平台企业的收益。

此外，好的企业利润源，除了要具有足够的规模，还要求企业对利润源的需求和偏好有比较深的认识和了解，并且保证企业在挖掘利润源时与竞争者比较而言有一定的竞争优势。就后两点而言，即使是比较成功的 Kickstarter 也做得不是很好，网站本身除了具有比较大的用户规模外，其网站运营模式很容易被其他竞争者所复制模仿，因此，在挖掘潜在的利润源方面，Kickstarter 还需要继续前进。

三、预售+O2O 模式在科技成果转化人才培训服务中的应用

随着电子商务行业的快速发展，消费者对产品的个性化需要越来越高，对信息共享、快速交流等方面要求越来越高，传统电子商务模式（B2B、C2C、B2C）等已经不能满足消费者多样化的需求，又因社交、交易、体验、营销等活动开始在互联网平台的兴起，这些质的改变也推动着各行各业的信息化发展，一些互联网企业以及实体企业寻求新的互联网商业模式以应对信息全球化发展。近些年，预售模式与 O2O 模式的提出为互联网与实体企业的发展带来新的商机。

基于预售模式发起者的不同可以将其分为基于商家发起的聚合需求形式和基于消费者的要约形式。基于商家发起的聚合需求形式将分散着的用户需求集中起来，对于一些还没有生产出的产品，可以根据集中需求进行快速生产，在用户需求完全表达的理想情况下，这使科技成果可以正好与用户的需求匹配，避免了资源的浪费。目前，像大众点评、拉手、美团为代表的团购网就是通过预售、团购模式聚集大量用户需求以低价将产品和服务出售给消费者。基于消费者的要约形式是购买方与销售方角色互换，颠覆了传统交易

模式中商家定价，消费者被动接受价格，该种形式下由消费者来进行定价，然后销售方决定是否接受该价格下的产品服务交易，真正做到以客户为中心，以客户需求为驱动的交易形式。Priceline 中 Name your own price（用户自主定价模式）功能成功实现了消费者为主导的定价策略，用户可以直接应用该功能进行竞价。

目前 O2O 模式在餐饮、住宿、旅游、房地产等各行各业得到应用。我国 O2O 模式可以分为团购模式、二维码模式、线上线下同步模式。团购模式是我国 O2O 模式应用的主要形式，用户通过登录团购平台获取线下实体店的优惠服务信息，并进行在线服务，最后到线下商店享受服务或获取产品的过程。二维码模式是指消费者在线下通过手机等移动终端扫描实体店的二维码信息，实现在线购买或者关注商家产品和服务的模式，二维码模式与团购模式不同的是将线下用户引入线上，通过二维码的使用用户可以直接通过移动客户端获取商家相关服务信息，现在被实体商家广泛应用。线上线下同步模式是互联网电子商务模式的企业或者商家，将产品和服务扩展到实体经济中，或者将实体经济扩展到互联网平台，实现线上线下同步发展模式，这种模式的主要代表是苏宁云商，2013 年 6 月，苏宁电器宣布线上线下同价，消费者可以通过扫描实体店二维码的形式进行下单，也可在线上商城直接下单，到实体店提货，实现线上与线下无缝衔接。

在科技成果转化服务中，预售模式的特点在人才培训服务中可以得到有效的应用，第一，人才培训服务和培训需求者的关系是一对多，对于培训机构来说，成本不变，需求量越多所带来的利润也越大，这一点与预售模式定价机制相契合；第二，培训服务网络课程，有的是线下培训，用户通过线上预付，然后线下体验的方式是基于 O2O 模式下的预售模式，避免了传统电子商务产品物流、库存环节，也能提高用户体验满意度。

根据发起者的不同可以将人才培训预售模式分为两种：一是由人才培训机构发起的预售模式；二是由用户发起的反向团购模式，由分散的用户或企业发起的模式。

人才培训机构发起的预售模式如图 10-7 所示。人才培训机构发起的预售模式是由人才培训机构发起，人才培训机构通过科技服务平台发布培训课程项目信息，用户根据课程培训信息进行预订功能，并由平台托管预付资金，人才培训机构可以根据最后预订需求人数进行定价，也可以在发布项目信息时固定定价。

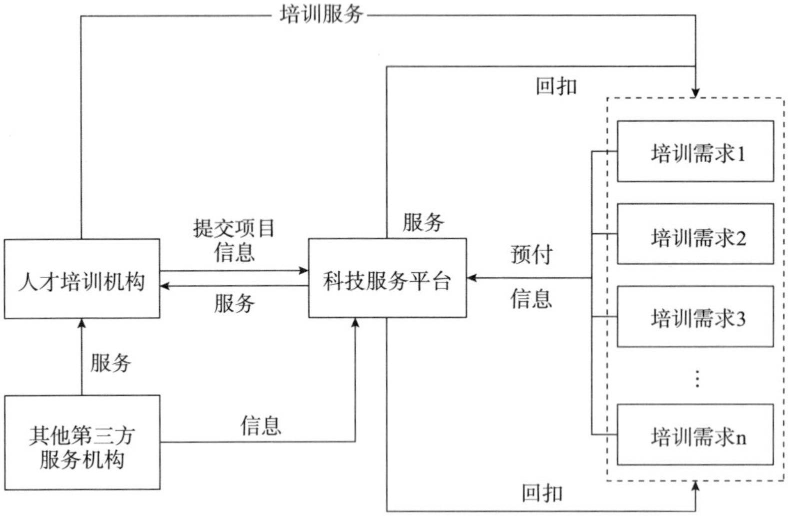

图 10-7　人才培训机构发起的预售模式

用户发起的反团购模式应用如图 10-8 所示。用户发起的反团购模式是由用户提出需求，根据用户的需求由相应的培训机构进行课程培训，这种模式是以用户需求为出发点，向其他相同培训课程需求的用户扩散，当达到某个数量时，平台将该信息反馈给相应的培训机构，培训机构决定是否开设课程，反团购模式避免了用户的被动型，真正体现以用户需求为核心，同时，反团购模式达到量化后可以降低交易双方成本。

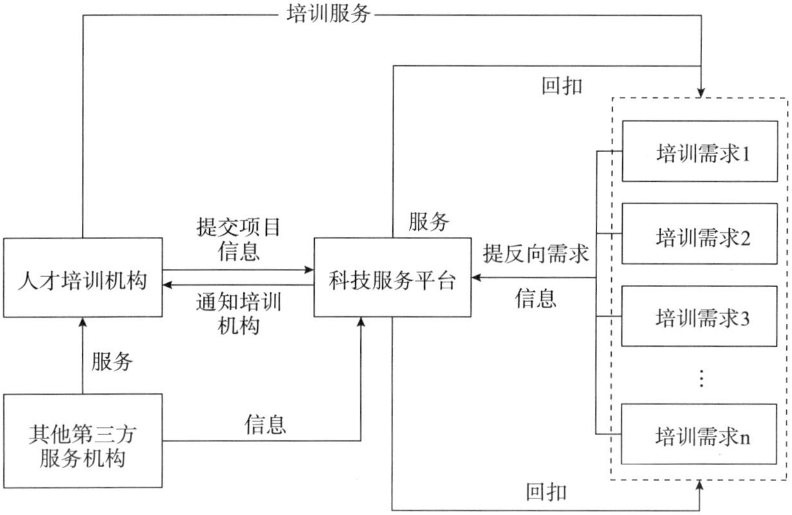

图 10-8　用户发起的反团购模式

第三节　借助大数据平台建设发展现代科技服务业

科技服务业是科技成果转化发挥商业价值的重要保证。随着数百万网络化的传感器被嵌入物理世界的各种数字化设备（如手机、汽车）中，再加上社交网络和大规模面向服务系统的普及，数据呈指数增长。数据已成为涌向全球各个领域的洪流。对于大多数机构而言，每 18～24 个月数据量就增加 2 倍，并且 90%的数据是在近两年产生的。数据已经成为驱动科技服务业发展的一大新的因素。大数据的出现预示着科技成果转化的商业模式将会被重塑，研发、设计、中试、生产、使用、消费整个过程将会被重写。

一、大数据与科技服务业的关系

（一）科技服务业的概念

自 20 世纪 90 年代中期西方发达国家首次提出科技服务业概念以来，科技服务业的概念、分类一直存在争议，但是科技服务业依然存在普遍的共同特征。从内涵上看，科技服务业是指运用科学技术知识和专业知识为科技创新及科技成果的转化提供科学技术或信息服务机构的总称。从外延来看，科技服务业分为科学研究与技术服务、租赁与商务服务、信息技术与计算机及软件服务、金融服务业四大类；从特征来看，科技服务业具有知识密集、高附加值、双向互动等特点；从本质来看，科技服务业就是为科技创新和科技成果的转化提供增值的动态价值网络参与者。

（二）科技服务业发展需要大数据

大数据和科技服务业之间内在关系可以追溯到价值网理论。有关企业价值网络的研究始于 20 世纪 90 年代。它是为响应客户需求，由信息技术推动的价值创造模式。参与者之间基于数字化网络，充分共享信息，相互协作，优势互补，为客户提供优质服务，满足客户多样化需求。信息是一种商品，具有使用价值和价值，同样能够满足消费者的需求。价值网理论为信息和科技服务业之间的内在关系架构起桥梁。对于科技服务业而言，信息生产和信息服务是最重要的功能，所以，信息的质量和数量是科技服务业功能发挥的首要条件。另外，从宏观上看，产业政策的制定也需要大数据。如果存在市场失灵、信息不完全，那么国家就应提供信息来加以干预。从微观上看，信息不完整和不对称是导致交易成本虚高的主要原因之一。大数据应运而生，它为科技服务业带来新的生产元素。

对于科技服务业发展来说，大数据具有重要性、必要性和迫切性。大数据带来大容量、高速度和多智慧，给科学成果转化提供了全新的思维范式，为科技成果转化所必需的科技服务业提供了前所未有的机遇。在知识创新上，大数据可以获取无处不在、无时不在的动态的信息为科学技术知识和专业知识的创新、互动、分享提供各种联系、平台和洞见。在信息的搜索、传递、计算和处理上，大数据可以强化和完善科技服务业的区域服务、产业服务功能（比如成果转化率）；同时，大数据是服务业产业结构升级、效率提高的重要手段。

二、内蒙古科技服务业当前发展中的主要问题

虽然在过去的 20 年间，内蒙古科技服务业有了长足的发展，但是就目

前发展来看，科技服务业仍然存在诸多问题。对内蒙古而言，科技服务业发展的主要问题表现在如下几个方面：

（一）总体规模小

从目前内蒙古现状来看，科技服务业规模普遍较小，数量小，从业人数少；而东部发达省份科技服务业规模大、科技服务机构种类繁多、组织形式多样、产值高，居全国领先地位。以产业增加值（Value Added）和从业人数为例，根据美国经济普查资料统计，北京2015年实现增加值1662.6亿元，占地区生产总值比重7.8%，拥有科技服务业行业法人38136个，占全国科技服务业行业法人总数的11.7%，而内蒙古科技服务业行业法人数仅为3582人，占全国比重仅为1.1%。

（二）科技含量低

与东部发达省份科技服务业相比，内蒙古科技服务业高科技含量少、技术差距大，表现在粗放式发展、附加值低、盈利能力弱、绩效差、创新能力不强等几个方面。科技服务业停留于低层次的服务水平，缺乏具有核心竞争力的高科技服务企业，经营方式和赢利模式缺乏创新。北京的百度、杭州的阿里巴巴、深圳的腾讯等企业更是洞悉网络和数字化先机，利用电子商务、物联网、智慧城市、云计算、大数据等概念，提供平台解决方案等科技服务，始终走在国内科技服务业的前列，而内蒙古至今没有一家在国内较有影响力的互联网企业。

（三）产业耦合度低

科技资源配置不合理、科技服务业功能性缺位也是内蒙古科技服务业亟须解决的主要问题之一。注重购买技术、忽视市场需求和成果转化，技术和生产之间中介联系不高，产学研联盟缺乏有效的协同和互动。科技服务业功能性缺位引致科技成果转化率低。此外，科技服务业在产业结构调整和升级中没有发挥应有的作用。既没有充分利用科技服务功能推动传统产业科技成果的转化、劳动生产率的提高、生产成本的节约、生产工艺的创新，也没有促进科技服务在产业体系中的渗透和扩散。制造企业内部的科技服务部门没有充分剥离出来，依附性较强，难以发挥应有的作用。很重要的原因在于：其一，科技服务业内涵和外延没有明确，缺乏一致的认识，各子系统之间往往各自独立；其二，没有形成统一的、联动的平台，导致信息搜索和交易成本高、效率低；其三，缺乏有效的协同创新机制，服务提供商不能与生产企业形成有效的隐性知识互动。

三、大数据背景下发展科技服务业的对策

（一）建设科技服务业的大数据平台

大数据催生大平台，没有大平台就没有大数据，大数据平台是科技服务业发展的重要前提之一。科技成果的转化与产业化越来越依赖全面的创新体系建设，而巨技术正是这一全面的创新体系的体现。巨技术在本质上具有高度集成、复杂、精确计算和系统化等特点，大数据平台就是巨技术的一种应用。数据采集和存储对于大数据和科技服务业来说至关重要。

大数据平台可以增加不同的数据维度，使数据分析的精确性成为可能。大数据平台要求平台多样化和集成化。平台多样化体现在平台的种类多样化和功能多样化。当前的科技服务业平台弊端表现为单一结构方面，仅仅局限于科技服务的功能而缺少社交功能，或者局限于某一种科技服务功能，或者局限于社交而没有科技服务功能。其结果一方面难以培养用户的黏度，不利于科技服务业的长效发展；另一方面阻碍沟通渠道的畅通性，限制数据来源的可得性和多样性。

大数据平台建设会加剧科技服务公司之间的兼并、垄断和利益不平衡。一些世界知名的 IT 公司，比如国外 SAG、Oracle、IBM、微软、SAP 和惠普已经在购买专注于数据分析的公司上花费了 150 亿美元。国内阿里巴巴也进行了一系列开发和并购活动，其不满足于电商数据，着手建立横向整合的大数据平台。大数据平台是前提，至于选择什么样的数据（“大”“中”“小”）进行分析则是数据分析人员选择的取向。如何有效建立和合理利用大数据平台是内蒙古各级政府和科技服务业企业需要认真考虑的首要问题。在大数据背景下，建立科技服务业联盟不失为一种可行的选择。

案例一：内蒙古科技创新大数据平台

内蒙古科技创新大数据平台是自治区科技厅重点支持，由内蒙古科技信息研究院牵头承担建设的公益性、基础性、战略性综合科技创新大数据信息服务平台。该平台以自

治区九大产业、县域经济、非公经济领域为服务主体，面向全区创新主体、创新载体、中介机构、创新人才提供创新资源、创新政策、创新管理等方面的“一站式”创新资源信息服务平台，以满足自治区科技经济社会的发展对科技创新活动的需求，为全区的科技创新提供有力支撑。目前，平台数据资源存储量已达到 230 T，元数据量达到 10 亿多条。

其中，由航天云网承担建设的内蒙古技术成果交易平台子系统引入“互联网+”科技成果转化模式，运用电子商务手段，为技术成果供需方提供资源集聚、对接、定价、交易、服务、管理等技术转移各节点性的环节支撑，在引导内蒙古技术转移、成果转化项目“进场交易”的同时，还可以有效实现科技管理部门对成果转化的过程服务、过程管理和绩效追踪，对促进区域科技成果转化，实现政府职能转变，促进科技创新服务体系建设具有重要意义。目前，平台已建成清洁能源、现代煤化工、绿色农畜产品、草原文化旅游、生态安全、新兴产业、其他产业七大产业成果类目。

（二）培养科技服务业的大数据人才

大数据，作为一种新的生产力，并不是已知生产力在数量上的单纯扩展，必然带来劳动分工的进一步发展。未来需要大量的大数据分析人才。对于那些希望在大数据时代取得技术领先优势的公司来说，成功的关键是拥有卓越的数据分析专家，并围绕数据分析专家组建团队。麦肯锡研究报告预测，美国需要 14 万~19 万名有“深度分析经验”的员工，而且需要 150 万名具有擅长数据分析的数据管理人员。大数据分析的人才培育对于科技服务业来说已成为当务之急。

数据科学家被认为是下一个 10 年热门的职业之一。卓越的数据科学家一般具有四个特征：好奇心、一定的定量分析技巧、坚持和专业技能。这些技能有助于从不同的角度发现别人看不到的规律，能够驾驭科技成果转化的不确定性所带来的问题。另外，从事数据分析并不限于专业的数据分析师，不同的思考维度和学术背景有助于数据分析。数据分析团队不仅要包括数学与统计人才和计算机技术人才，还应包括其他各个领域的专家。有些数据分析团队甚至引入经济学家、物理学家、音乐家和律师等专家。在机构范围内，数据分析团队必须是开放的和包容的，还要与其他部门建立交流共享和合作的关系。

（三）构建科技服务业的协同创新机制

协同创新是科技服务业成功的重要因素。随着物联网的广泛应用和智慧城市建设的深入，协同创新正成为信息社会的有效驱动机制。信息社会承诺一种让公众通过网络能够平等参与的新方式。在信息社会中，终端用户所扮演的角色的重要性越来越受到重视。很明显，服务和应用需要通过用户驱动的开放式创新来维持，以实现大众市场层面上的可扩展性和可复制性。用户生成内容和共同创造的应用快速增长，这就需要协同创新的商业模式，以保证有效实施和可持续发展。这种基于用户生成内容的、具有新的潜力的自下而上的大数据方法为科技服务业发展创造了很大的可能性。专业人士和公众之间形成伙伴关系，对改进本地科技服务的效力和效率至关重要。

协同创新的驱动机制需要开源、共享以及大数据分析的普及化和去“暗箱化”。2013 年 5 月 9 日，时任美国总统奥巴马签署政务数据公开法令，将封闭的数据向企业、研究者和公众开放，从而推动产品和服务上的创新；同时，美国拟将政府大数据网站（data. gov.）开放。数据不再成为小众的专利，数据分析不再是数据科学家的专利。普适的、横向协作的、无缝连接的、开放的数据将成为未来的趋势，这也是内蒙古促进科技服务业协同创新必须要把握的方向。

（四）制定科技服务业的隐私保护政策

合理的隐私政策是大数据发挥作用的制度保障。从某种程度上讲，很多商业模式基于个人隐私信息分析。例如，国外某些开放免费平台（如 Pachube）通过增值措施（包括隐私选项、搜索等功能）提供有偿服务模式；国内淘宝和支付宝等平台通过对个人的喜好、网络行为等方面的分析来界分群体，从而实施不同的商业策略；百度等平台通过深度数据挖掘为客户制定营销产品。

数据采集、分析和处理给发明成果知识产权的隐私保护带来了严峻的考验，需要加强隐私保护的顶层设计。安全和隐私是两个不同的问题，随着物联网产业的发展，隐私保护可能会产业化。例如，360 手机安全卫士已经为用户提供“隐私行为监控”服务。在不久的未来，可能会产生更多保护隐私的专业科技服务机构。这些机构会提供个性化的各项隐私保护服务，比如定期给专利拥有人排查可能的隐私侵害。隐私保护要坚持公平、效率、适度、自律和责任原则。哪些数据需要保护以及如何保护；哪些数据可以公开，在什么层面上公开，以什么样的方式公开，对谁公开；哪些数据可以交易，在什么范围内交易，以什么样的方式交易，交易的主体资格如何；谁有隐私监控的权利、义务、责任，如何对隐私进行监控，在什么层面上监控，以什么样的方式监控，对谁监控，对隐私监控行为如何监管等都需要细致明确的规定并得到执行。

第十一章　培育科技成果转化人才

人才作为决定科技成果转化最重要的因素，是先进生产力的集中体现，是社会进步的主导因素，也是促进地区发展不可替代的力量。面对创新发展的需求和压力，国内许多城市都抓紧制定政策、出台措施，加大对科技成果转化人才的吸引，努力争取新一轮人才竞争优势。在此形势下，加快科技成果转化人才队伍建设，有力促进经济社会持续健康快速发展，是目前的一大重要任务。

第一节　科技成果转化人才的构成

目前科技成果转化工作人员，以从业归属对象来区分，大致可以分为三类：

高校科研院所中的科技成果转化人员。目前，这类人员主要为各高校根据行政序列需要或者产学研工作开展便利而设置的科研院、成果处、外建科技机构内的老师或者外聘从业者。其工作内容主要是利用高校自身资源转化为高校可控的固定或流动资产，优势在于拥有取之不尽的高校科研数据库，可以完整而快速地完成科技成果外部输送工作，而不足之处为掌握企业的需求能力稍弱。例如，内蒙古煤炭科学研究所、内蒙古农牧业科学院、中科院内蒙古草业研究中心等均拥有一定的科技成果转化及落地的能力，特别是各高校所建立的校友库资源，逐渐弥补了对接目标企业信息不畅通的问题，这方面内蒙古工业大学以其特有的粉煤灰处理技术居全国前列。该类人才在技术市场中处于科技成果转化工作的供应链或成果创造地。

科技中介科技成果转化工作人员。核心力量为拥有技术经纪人、专利代理人等资格的从业者，一般拥有理工科背景，人才队伍为相对小的群体，其优势是通过各类信息渠道充分掌握科技发展方向，敏锐洞察各项科技在企业中的应用或者在高校中的存有量；不足之处在于因中介市场不成熟，掌握高校科研院所的资源较少，可获得的企业的信任度较低；困难在于各科技中介机构的从业人员良莠不齐，企业或者高校中单方面的资源很难获得有效对接。

企业科技成果接收人员或项目申报负责人。核心成员为企业的技术管理人员或行政管理层，主要工作为完成项目在企业中的落地和生产实施转化。目前，规模以上企业基本拥有全职或者兼职从事项目申报的工作人员，为企业的产学研合作进行有效的对接。

第二节 做好科技成果转化人才保障的对策建议

美国卡内基·梅隆大学办公室主任 Mark Coticchia 认为，大学技术转让的成功与失败，有70%以上的因素取决于从事技术转让人员的能力与工作热情。为了完成好技术转让工作，科技管理人员必须有识别新技术的能力，了解新技术的潜在市场，必须具有高度的服务意识、独到的专业知识（包括科技开发的专业知识、专利转让及产品营销方面的知识等）和较强的社会活动能力。但是，内蒙古大多数科研人员虽擅长理论分析和科学实验，却缺乏科技成果宣传、推销及经营的经验和能力，而高校科研机构的科研管理部门又重于管理，对科技成果了解甚少，无法满足企业对技术的深入了解，因而导致成果推不出去，资金引不进来，具有市场前景的科技成果多数停留在理论和实验阶段。

一、积极开展技术转移人才培养

建设内蒙古技术转移人才培养基地，培训科技成果转移转化从业人员，与国际一流机构联合培养国际化技术转移人才，培育与国际接轨的科技成果转移转化人才队伍。动员高校和科研院所科技人员到企业、园区、农村等基层一线，开展技术服务、成果推广等科技成果转移转化活动，打造面向基层的科技成果转移转化人才队伍。院士专家工作站、产学研战略联盟、国际科技合作基地应将科技成果转移转化作为重要工作目标，在产学研融合模式探索及高端技术引进转化中发挥重要作用。继续实施万名专家服务基层行动计划、科技特派员、科技创业者行动、企业院士行动、先进适用技术项目推广等，动员高校、科研院所、企业的科技人员及高层次专家，深入企业、园区、农村等基层一线开展技术咨询、技术服务、科技攻关、成果推广等科技成果转移转化活动，打造一支面向基层的科技成果转移转化人才队伍。

二、改革成果转化人才评价制度

在电子工程、环境工程、机械工程、生物医学、纺织化工、冶金工程、农牧渔业、车辆工程、建筑工程等应用型较强的学科领域，分系列修订职称评价标准，实行国家标准、地区标准和单位标准相结合，取消附着在职称评聘上的计算机、外语、论文等非专业条件和限制性要求，突出对成果转化能力的评价，探索以专利成果、项目报告、设计图纸、工程方案、技术交易合同、产品样品、检验报告、产品销售记录等成果形式替代论文要求。

案例一：内蒙古深化职称制度改革

2017 年 9 月 25 日，自治区人力资源和社会保障厅正式对外印发《2017 年全区职称改革工作安排意见》，要求自治区各高级专业技术资格评审委员会办事机构对评审条件及时进行修订。

多年以来，职称外语考试和计算机应用能力考试是专业技术人员晋升职称的一道“硬杠杠”。此次内蒙古人力资源和社会保障厅印发的《意见》明确提出，合理设置论文和科研成果等条件。并明确对在艰苦边远地区和旗县（市、区）及以下基层一线工作的专业技术人才，侧重考察其实际工作业绩，不作论文、科研成果要求；对盟市及以上工作的专业技术人才，在评定自治区高校、党校、社科、卫生、农牧林业科研、会计、经济、统计、审计、新闻、出版、档案、图书、文博系列副高级以上职称、正高级工程师职称，继续设置论文条件，推行代表作制度，重点考察研究成果、业绩贡献及作品创作质量，但应淡化论文数量要求。各系列中级（工程系列副高）及以下职称，不再将论文作为限制性条件，只作为参考性条件。探索以专利成果、项目报告、工作总结、工程方案、设计文件、教案、病历等成果替代论文要求。

《意见》提出，对职称外语和计算机应用能力考试不作统一要求。并明确，各职称系列不再统一将职称外语和计算机应用能力考试作为申报和评审的必备条件，可作为评审时的参考因素。确需评价外语和计算机水平的，由用人单位或评审机构自主确定。

三、加大技术转移人才引进力度

针对内蒙古急缺的技术经理、专业工程师、知识产权评估师、风投专家、专业律师特别是具备专业背景知识，有实际工作经验、熟悉《知识产权法》和技术转移等相关知识、能与国际接轨的复合型人才，制定高端技术转移人才评价标准，为高端技术转移人才在居留和出入境、安居、子女入学、配偶安置以及医疗等方面提供便利条件，符合内蒙古人才政策的，落实户籍、住房、薪酬、职级等相应待遇。建设海外科技人才离岸创新创业基地，引进美国硅谷、日本筑波科技城、北京市中关村、武汉光谷、上海张江等海内外人才带着成果来内蒙古投资兴业。

第十二章　构建科技成果转化风险防控托底体系

科技创新和成果转化是推动经济发展的动力，其源于不确定性的高风险特征可以带来高收益，但这以对创新风险的有效管理为前提。这种风险管理既需要创新者的管理技能，更需要整个社会构建起科技创新风险的分担体系。

第一节　科技成果转化过程中存在的风险

科技成果转化是一种高风险高回报的活动，特别是在科学飞速发展，技术、产品生命周期日益缩短的今天，科技成果转化具有更强的重要性和更大的风险性。其风险类型一般有：技术不成熟性风险、投资分析风险、市场风险、社会风险、购买力风险和财务风险六类，其中影响最大的是前三种风险。

一、技术不成熟性风险

科技成果转化过程中的技术不成熟性风险，主要来自科技成果的构思和产生阶段。由于创造科技成果的主体受多方面因素的影响，不可能对科技成果的创新做出完全的预测。另外，受自身技术水平、科研力量和投资等限制，也使科技成果在产生过程中就埋下了很多技术隐患，因而影响到科技成果的适应性、先进性、完整性、可行性和可靠性。任何一项科技成果最终都要接受市场的检验，如果在成果的构思和产生阶段不能对成果中技术的适应性、先进性和收益性作出比较科学的预测，就使成果在初始阶段产生了市场风险，而这种市场风险源于技术本身，因而也属于技术风险。

二、投资分析风险

科技成果转化需要大量投资，因此，投资分析的准确与否对成果转化是否成功有很大影响。事实上在转化过程中，对转化各个不同发展时期资金需要量的估算常会出现偏差，准确的投资分析往往很难做到。这主要是因为科技成果通常是一项前所未有的技术，难以按历史数据进行投资分析决策，只能在估计、经验、统计的情况下进行，因而使投资决策的精确度受到影响。而一旦偏差过大，就为投资埋下了危险和隐患。

三、市场风险

科技成果转化的市场风险，一般来自成果的接受者。成果的接受者受诸多客观因素的制约，例如决策者的业务水平、接受方的配套技术和管理水平等，很难对科技成果做出科学的评估和对未来市场前景做出科学预测，因而市场风险不可避免。通常对科技成果的转化应进行两方面科学论证：①对成果本身；②对成果接受方的配套技术和管理水平。如果成果本身具有可行性、适用性、先进性、完整性和可靠性，再加上使用相应的配套技术，就能降低转化的风险。然而现时情况并非如此，人们往往只注重对成果技术的先进性进行论证，忽略了接受方的配套技术和管理水平，致使市场风险层出不穷。

四、社会风险

当科技成果转化成功、受益人获得较高回报后，其他竞争者就会逐步进入该领域，参与竞争，市场风险就会从接受者转移到竞争者，这是科技成果转化中出现的难以预料的社会风险。另外，社会其他因素变动同样会带来成果转化的风险。例如，国家调整产业政策，若科技成果恰好是被限制产业的适用技术，则存在被限制转化的风险；国家利用货币政策和财政政策对经济形势进行宏观调控，若国家紧缩银根，就会使转化所需资金发生筹措困难，从而使转化受挫，产生转化的政策风险等。

五、购买力风险

科技成果转化的购买力风险主要是由于科技成果存在技术不成熟性，加之成果使用人对成果的认知程度低，导致使用人购买欲望不强，因而出现了购买力风险。

六、财务风险

资金问题是制约科技成果转化的主要问题之一，高投入又是科技成果转化的一大特征。成果使用人为了尽快获得成果，往往在企业自身资金不足的情况下，依靠银行贷款来解决问题。如果转化成功，则企业有能力偿还贷款本息；若转化不成功，企业就要背上沉重的债务负担，因而出现财务风险。

第二节　内蒙古科技成果转化金融风险防控体系现状

在国家“大众创业、万众创新”政策频出、力度不断加大的背景下，内蒙古加快科技金融体系建设，为保障科技成果转化发挥了重要作用。

一、金融组织体系基本健全

至2015年末，内蒙古有大型商业银行5家，政策性银行2家，股份制商业银行7家，城市商业银行4家，邮政储蓄银行1家，外资银行1家，小型农村金融法人机构93家，新型农村金融机构69家，财务公司5家，信托公司2家。各银行业金融机构营业网点4843个，从业人员9.4万人。全区法人证券公司营业部增加到101家，上市公司总市值达到4046.5亿元，占全区GDP的22.8%。2005~2015年，全区非金融机构通过债券和股票等直接融资方式筹资比例逐步扩大，累计筹资3000多亿元，债券融资方式呈多元化发展，直接融资规模快速增长。截至2014年，债券融资比例达到26.7%，债券融资规模达524.3亿元，超过了2005年全区非金融机构的融资总量。从2005年开始，保险公司快速进驻自治区，自治区级保险分公司从2005年的9家发展到2015年的39家，且大部分在盟市设立了分支机构；截至2015年末，保险专业中介法人机构35家，保险代理分公司20家，保险经纪分公司10家，兼业代理机构4226家。保险营销员85385人。全区财产险公司21家，人身险公司16家①，目前已建立起以基本社会保险、企业补充保险和商业保险为三大支柱的社会保障体系。

二、科技成果转化得到了金融的有力支持

2011年，内蒙古自治区科技厅会同自治区财政厅、中国人民银行呼和浩特中心支行、内蒙古银监局、内蒙古证监局和内蒙古保监局，就联合开展促进科技金融结合工作提出了《推进内蒙古自治区科技金融结合工作的若干意见》。内蒙古金融单位根据国家和自治区经济发展的需求对科技厅遴选推荐的重大科技专项和优先发展、支持的科技成果，以及科技企业的创业发展提供多种金融信贷支持，并给予利率优惠，从而缓解内蒙古自治区重大科技项目资金短缺和科技型中小企业融资难问题。

2011年7月14日，自治区科技厅与内蒙古银行在呼和浩特签署战略合作协议，采用信用贷款、抵（质）押贷款等方式支持科技企业融资。并与兴业银行、招商银行和中信银行等金融机构签署合作协议，推出科技保险12个险种，在包头稀土高新区试点，同时，还为18个科技项目提供担保贷款。

① 资料来源：内蒙古保监局。

内蒙古科创实业集团有限公司、北京中关村京蒙高科企业解化器有限公司分别获得由内蒙古银行提供的总额55亿元的信贷额度支持。

内蒙古最主要的科技专项基金有三项，分别为：科技型中小企业技术创新基金、科技风险基金和科技发展创新引导奖励专项基金。其中，科技型中小企业技术基金成立于1999年，主要用于支持中小企业具有自主知识产权的技术创新项目。截至2015年底，该基金共资助200多个项目，资助总额达1亿多元。科技风险基金设立于2000年。至2015年底累计规模已超过2亿元，共资助十多家企业的80多个高新技术产业化项目，实现产值20多亿元。2007年开始实施的科技发展创新引导奖励专项基金是由内蒙古自治区财政拨款的科技专项基金，到2015年规模已经达到3亿元，主要用于引导形成拥有自主知识产权、自主品牌和持续创新能力的新型企业，以增强全区战略性新兴产业的自主创新能力以及重点行业的集成创新能力。

第三节　科技成果转化风险处理存在的不足

虽然内蒙古的科技金融业务和科技风险防范体系有了长足发展，但是科技成果转化风险管理还有明显不足：

一是企业抗风险能力弱。除了少数大企业，多数科技型企业都是中小企业，靠引进技术发家，缺乏拥有自主知识产权的技术，加上受资金等因素的制约，使它们只能实行模仿式创新，这导致产品技术含量普遍不高，技术或产品的生命周期较短，抗风险能力差。

二是风险管理不到位。科技型企业的管理者大部分是技术人员出身或者机关事业单位人员“下海”，大多数人不太精通经营管理之道，管理制度不健全，风险管理意识不强，也缺乏必要的技术创新风险管理体系。

三是产品创新缺少必要支撑。相对于技术、人才、知识产权等无形资产而言，企业家和投资人更倾向于投向厂房、设备等有形资产，企业担心产品不被消费者认可和接受，技术研究的投入得不到应有的回报，产品创新缺乏持久动力支撑。

四是金融体系不发达。2015 年内蒙古地区网点密度仅为 39.6 个/万平方千米，而全国平均水平为 227.1 个/万平方千米。银行为了减少自身金融风险，一般不贷款给资质较差、经营风险较大、还贷能力较弱的新孵化企业。科技融资体系不发达，2004~2015 年，内蒙古的境内上市公司数内仅增加 3 家；法人证券公司数仅有 2 家，期间无变动；法人基金公司数始终为 0；唯一 1 家法人期货公司于 2012 年撤离。在创业板上市的企业也很少，截至 2015 年底仅有 3 家，上市公司后备资源较少。而截至 2015 年末，全国境内上市公司（A 股、B 股）总数 2613 家，共有 732 家企业在创业板挂牌上市，全年筹资 7059.6 亿元，内蒙古只占到全国的 0.2%。2014 年内蒙古上市公司总市值为 4046.5 亿元，占 GDP 的比重为 22.8%，全国上市公司总市值占 GDP 的比重则达到 58.3%。另外，股权投资基金、产业投资基金数量少，发展较为缓慢。总体来看，内蒙古的资本市场发展较为缓慢，创新不足，直接融资工具尚未充分利用。发展资金短缺成为制约科技成果转化的主要因素，也是影响科技型中小企业技术创新风险抵抗能力的最主要因素。

第四节 加强科技成果转化风险防范体系的路径

一、建立和完善科技成果转化的风险投资机制

探索设立多元化的投资主体，以政府投资为主导，通过积极的政策引导，逐步形成政府、机构投资者（如养老准备金、大学后备基金、各种非获利基金会等）、民间资本、大公司资本、私募证券基金、共同基金等多元参与的投资体系。逐步建立有限合伙制的风险投资机制，构建对科技成果转化的风险分担机制，提高科技成果转化项目的风险承受能力。建立涵盖科技成果转化全过程的风险防控体系，积极防范技术风险，对技术本身的适用性、可行性以及完整性做出科学的分析判断，重点防范投资风险。

经验借鉴 12-1：重庆科技金融集团打造了引人注目的“六大亮点”

其一，科技引领金融推动。重庆科技金融集团与多家商业银行紧密合作，为企业科技创新搭建融资平台。近年来，集团先后与重庆银行、三峡银行、民生银行、浦发银行、中信银行等十多家金融机构共同建设“科技金融创新服务中心”，为科技创新型项目和企业融资开辟“授信绿色通道”，为科技创新提供特色金融服务。截至2015年底，集团总资产20.8亿元，累计投资科技企业181家，投资总额20亿元，带动社会投资100亿元。

其二，引导基金运行顺利。数据显示，重庆科技金融集团旗下引导基金和国内外知名创投机构合作组建创投基金15只，总规模75亿元。截至目前，引导基金参股的投资基金累计投资125个项目，带动总投资额达105亿元，实现财政资金的二级放大。其中，投资59个重庆项目，大部分为科技型中小企业，促进了重庆市科技型中小企业的发展，有力地推动了科技成果转化。目前，重庆已初步形成一条覆盖种子期、初创期、成长期、扩张期的企业股权投资基金链条。

其三，风险投资硕果累累。重庆科技风险投资有限公司扶持了100多个高新技术产业化项目，投资总额10亿多元。近几年，围绕市政府打造的“2+10”战略新兴产业和“6+1”支柱产业，投资项目61个，投资资金近7亿元，培养了如莱美药业、海扶医疗、元创汽车等一批影响较大的高新技术企业。

其四，两江创投助推产业升级。重庆两江新区创新创业投资发展有限公司成立以来，围绕建设“一中心”“两平台”的目标，致力于加速产业“瓶颈”技术的突破与创新，助推两江新区产业升级发展。目前已投资9家企业，共出资8850万元。

其五，融资担保助推小微企业。重庆科技融资担保有限公司已累计为200户企业提供10亿元贷款担保，其中科技小微企业达到总担保户数的95%。

其六，创投服务方兴未艾。重庆市科技创业投资协会组建以来，致力于为科技企业、创投机构、银行及投融资中介机构提供专业的对接服务，先后承办或协办了行业高峰论坛、“创★先锋秀”创业主题活动等一系列活动，助推科技型中小微企业的成长。

二、设立科技成果转化基金

建议自治区财政设立5亿~10亿元的科技成果转化配套资金，各盟市财政设立科技成果转化专项资金。自治区科技协同创新基金设立科技创业投资子基金，支持开展科技成果转化的初创期企业。整合全区小微企业扶持基金、创投基金、战略新兴产业投资基金等政府投资基金进一步整合成转型升级发展基金。研究设立国防科技工业军民融合产业投资基金和新兴产业创业投资风险担保基金。设立科技贷款风险补偿专项资金，对投入科技成果转化项目失败造成损失的，政府按照其投资总额的10%给予补偿，单个项目最高补偿额不超过50万元。

三、强化科技成果转化金融支持体系

加大自治区财政支持科技成果转化力度，引导和鼓励创业投资、科技成果转化、知识产权运营等专项基金，引导各类社会资金进入，支持自治区重点产业科技成果转移转化。

拓宽科技成果转化资金市场化供给渠道，培育发展天使投资人和创投机构及众筹等互联网金融平台，为创业初期科技企业转移转化科技成果拓展融资渠道。制定出台科技金融促进办法，旨在鼓励和引导金融资本和社会资本加强对科研单位、高等学校等科研机构、各类企业和社会组织的科研机构在科技成果转化和产业化过程中的融资支持，优化科技金融服务环境。引导各类商业金融机构支持科技成果应用与产业化。支持银行探索股权投资与信贷投放相结合的模式，为科技成果转移转化提供组合金融服务。

加强政策性金融机构对国家和自治区科技重点科技成果转化项目的支持。商业银行对国家和自治区重点科技成果转化项目、“星火计划”项目、“火炬计划”项目等，根据投资及信贷政策规定，积极给予信贷支持。

开展投贷联动，支持有条件的银行业金融机构与创业投资、股权投资机构合作，为初创企业提供股权和债权相结合的融资服务。探索设立科技创新银行、科技创业证券公司等新型金融机构，为科技成果研发项目提供专业金融服务。建立和完善技术成果质押融资多层次风险保障机制，鼓励融资性担保机构为中小企业技术成果质押融资提供担保服务，引导企业开展同业担保业务。规范发展众筹融资，拓宽创新型中小微企业融资渠道。引进国内外知名天使投资机构和创业投资机构、龙头产业集团、产业化前孵化阶段的天使投资基金和创业投资基金，投资具有领先优势和产业化发展潜力的项目。同时，支持天使投资机构和创业投资机构与创业孵化平台开展合作，利用“创投+孵化”模式，为科研机构科技成果转化和产业化提供资金、平台与业务等组合支持。支持海外资本来内蒙古设立创业投资机构。

加强科技融资租赁服务，引导融资租赁机构为科研机构提供融资租赁业务，鼓励实施科技成果转化和产业化的科研机构运用融资租赁手段，解决研发设备采购与维护、产业化项目生产线建设等方面的资金困难。支持有条件的科研机构申请设立融资租赁机构开展融资租赁业务。鼓励融资租赁机构与其他金融机构合作，为科技成果转化和产业化提供组合服务。鼓励融资性担保机构开展融资租赁担保业务，推进融资租赁与创业投资相结合、租赁债权与投资股权相结合的“创投+租赁”业务。

发挥科技保险对科技成果转化与产业化的风险管理功能，创新科技保险产品，重点支持保险机构围绕科技成果转化和产业化开展服务和创新。建立新技术新产品“首购首用”风险补偿机制，推动“首台套”产品质量保证保险、重大装备产品责任保险、贷款保证保险等科技保险险种的创新与推广。支持保险资金投资科研机构科技成果转化和产业化项目等。开展科技创新小额贷款、融资担保和知识产权质押融资试点等。建立科技成果转化风险的评估体系，提高科技成果转化风险的评估能力。构建技术转移保险机制。通过向保险公司投保，将发生的风险损失部分转移给保险公司，降低风险发生损失。

拓宽直接融资渠道。利用已上市公司平台，有效开展增发并购，积极开展市场再融资。大力实施股票融资、债券融资、利用资产证券化融资。鼓励企业上市挂牌，鼓励中小微企业、科技型企业进入创业板、新三板、天津股权交易所挂牌交易，支持战略性新兴产业企业通过上市、发债、众筹等方式融资。根据企业上市准备阶段，从拟上市挂牌、处在改制规范阶段、处在初创成长期等几个方面，分类施策，指导企业加快推进上市工作。

经验借鉴 12-2：厦门火炬高新区的科技金融案例

作为厦门市探索科技金融发展模式的前沿阵地，厦门火炬高新区积极推动科技与金融的结合，加大对创新型科技企业的扶持力度，积极建设多层次资本市场。先后出台了《鼓励企业利用多层次资本市场促进企业改制上市的暂行办法》《鼓励企业进入代办股份转让系统暂行办法》等，引导成长型中小科技企业通过资本市场直接融资。同时，火炬高新区做好与省、市相关政策的衔接落实工作，减轻企业上市及挂牌新三板成本负担。为让园区企业少走弯路，高新区管委会联合市有关部门举办多场政策宣讲会和业务培训会，解读相关政策，对园区企业进行调查摸底，指导有意向的企业开展股改、内核等工作。同时，加强与券商的联系，至今已有东北证券、国信证券等十几家券商在园区开展改制上市或挂牌业务。厦门火炬高新区先后成立了创业投资公司、担保公司，设立创业投资母基金，建设海西股权投资中心，不断完善投融资体系，探索和实践科技与金融结合、资本带动产业发展的新路径。目前，高新区已初步搭建起涵盖主板、中小板、创业板、新三板及地方股权交易的多层次资本市场平台。2010 年以来，高新区累计有 7 家企业上市，共募集资金近 39 亿元。截至 2013 年底，高新区拥有上市公司及境内外上市公司投资企业 53 个，厦门全市 6 家创业板上市企业全部在高新区。此外，高新区积极培育上市后备企业，做好企业改制上市服务工作，目前已培植 60 多家上市后备企业、30 多家新三板后备企业。

四、发掘知识产品资本价值

支持知识产权评估、技术转移、专利代理、信用评级、信用增进等科技金融中介服务组织发展，鼓励各类科技金融服务机构利用互联网、移动互联网、大数据等技术，建设科技成果转化和产业化投融资信息服务平台。建设科技成果交易中心，根据技术供给、技术需求的实际情况，定期的技术交易活动与实时的技术交易活动结合，综合性的技术交易活动与专业性、行业性、区域性的技术交易活动结合，科技成果竞拍与技术供需对接、交流、展示、洽谈结合，形成科技成果竞拍与其他多种方式结合的技术交易模式。常态化地开展科技成果竞拍活动，组织好年度春、秋两季的科技成果竞拍活动；适时开展行业拍、专业拍、季拍、月拍、旬拍等。

经验借鉴 12-3：成都市出台“知识产权十条”

2017 年 7 月，成都市出台了《关于创新要素供给培育产业生态提升国家中心城市产业能级知识产权政策措施的实施细则》（以下简称“知识产权十条”）。广大的科技型中小企业普遍面临一个难题：一方面极度缺乏资金，另一方面却手握专利难以创造价值。为此，“知识产权十条”着力通过技术创新、模式创新，大力培育各种服务机构、示范企业，从而加强知识产权运用。成都市将采取政府资金、社会资本广泛参与的方式，设立不低于 20 亿元的知识产权运营基金，规模将居全国城市首位。重点支持五大优势、五大支柱和五大未来产业，并以股权投资方式直接参股知识产权运营机构等知识产权项目，推动知识资本、金融资本和新经济的深度融合。

同时，大力培育知识产权运营服务机构，按照专利运营主营业务收入或持有可运营专利数量的不同，对专业化、综合性的知识产权运营机构最高给予 50 万元奖励。积极引导社会资本投资建设民营专利孵化器，对新认定的成都市专利孵化器，给予 20 万元奖励。

培育公共服务机构、试点示范市场和品牌服务机构。新获批国家级知识产权保护中心、快速维权中心等国家级公共服务机构，给予 100 万元资助。被国家知识产权局认定的国家级知识产权试点示范园区最高给予 50 万元资助。

培育知识产权试点示范企业。对被国家知识产权局认定的国家知识产权优势、示范企业，分别给予 10 万元、30 万元资助；被市知识产权局牵头评定的知识产权示范、优势培育和试点企业，两年培育期满且考核合格的，分别给予 10 万元、5 万元、5 万元资助。

五、积极争取国家的资金支持

请求国家在专项建设基金、中央预算内资金、产业投资基金等方面向内蒙古倾斜，支持内蒙古传统产业提质升级和战略性新兴产业发展壮大。争取国家比照东北地区的资本市场优惠政策对内蒙古给予更大支持。包括：对符合条件的内蒙古地区企业 IPO、新三板挂牌和上市公司再融资给予优先支持。对符合条件的内蒙古地区企业利用资本市场开展并购重组给予优先支持。支持企业和金融机构赴境外融资。指导和支持内蒙古企业探索发行企业债新品种，扩大债券融资规模。建立煤炭现代交易体系，促进煤炭产业转型升级。鼓励各级政府通过政府首购、订购等政策，采购新技术、新工艺、新材料、新产品、新服务，支持科技成果转化。通过事后奖补、以奖代补、风险补偿等方式，支持首台（套）装备的研发和使用，对首次购买具有自主知识产权的重大成套设备及核心零部件等先进装备的企业给予补贴。

参考文献

［1］国家统计局．中国统计年鉴［M］．中国统计出版社，2010~2016年各年．

［2］国家统计局．中国科技统计年鉴［M］．中国统计出版社，2010~2016年各年．

［3］国家统计局．2016中国工业统计年鉴［M］．中国统计出版社，2016．

［4］内蒙古自治区统计局．内蒙古社会科技统计年鉴［M］．内蒙古科技统计出版社，2014，2015，2016．

［5］内蒙古自治区统计局．内蒙古统计年鉴［M］．内蒙古统计出版社，2010~2016年各年．

［6］内蒙古自治区科技厅．内蒙古社会统计年鉴［M］．内蒙古统计出版社，2014．

［7］内蒙古自治区科技厅．内蒙古社会统计年鉴［M］．内蒙古统计出版社，2015．

［8］成思危．中国事业单位改革——模式选择与分类引导［M］．民主与建设出版社，2000．

［9］范恒山．关于中国事业单位改革几个重要问题的思考［N］．中华人民共和国国务院公报，2004．

［10］刘立．改革开放以来中国科技政策的四个里程碑［DB/OL］．http：//www．csc．pku．edu．cn/art．php？sid=3817．

［11］李小妹．我国省部产学研合作平台建设的现状分析［J］．科技管理研究，2010（8）．

［12］肖丁丁，丁桂龙．产学研合作创新效率及其影响因素的实证研究

[J]. 科技管理，2013（34）.

［13］王秀丽，王利剑 . 产学研合作创新效率的 DEA 评价［J］. 统计与决策，2009（3）.

［14］黄伟 . 我国科技成果转化绩效评价、影响因素分析及对策研究［D］. 吉林大学，2013.

［15］任海荣 . 论科技成果转化中政府的作用——以太原市为例［D］. 太原科技大学，2014.

［16］郝远 . 高校科技成果转化的障碍与途径［J］. 清华大学教育研究，2004（6）.

［17］刘相果，彭晓东，刘江，谢卫东 . 西部地区科技成果转化存在的问题及对策分析［J］. 重庆大学学报（社会科学版），2002，8（6）.

［18］杨晓宇 . 西部地区促进科技成果转化对策研究［J］. 科技管理研究，2011（17）.

［19］王静 . 浅谈科技成果转化服务平台建设研究［J］. 中国新技术新产品，2013（5）.

［20］石英 . 内蒙古农牧业科技成果转化的策略思考［J］. 内蒙古农业大学学报（社会科学版），2012（3）.

［21］刘淑芬 . 进一步加快内蒙古科技发展的策略思考［J］. 内蒙古农业大学学报（社会科学版），2011（2）.

［22］程慧平，万莉，黄炜，张冀新 . 中国省际 R&D 创新与转化效率实证研究［J］. 管理评论，2015（4）.

［23］黄敏捷 . 我国科技管理体制改革的对策研究［J］. 管理纵横，2014（10）.

［24］洪银兴 . 产学研协同创新的经济学分析［J］. 经济科学，2014（1）.

［25］黄茂兴，陈伟雄 . 国内外促进科技成果转化的典型经验及其启示［J］. 东南科学，2013（6）.

［26］郭开朗 . 美国大学科技成果转化及启示［J］. 中国高等教育，2010（7）.

［27］蔡跃洲 . 科技成果转化的内涵边界与统计测度［J］. 科学学研究，

2015（1）.

［28］段婕，刘勇．科技成果转化对我国区域经济增长的有效性评价——基于 2003~2008 年面板数据的实证分析［J］. 科技进步与对策，2011（12）.

［29］康胜．论科技创新与经济进步的互动关系［J］. 科技进步与对策，2003（8）.

［30］郑少春．科技进步与经济增长方式的转变［J］. 理论学习（月刊），2017（4）.

［31］薛声家，韩小花．中国区域经济发展有效性的实证分析［J］. 科技管理研究，2008（11）.

后 记

目前，内蒙古科技进步贡献率仅为42%，远低于国内平均水平，距离“十三五”规划提出到2020年科技对经济增长的贡献率提高到55%的目标还有很长一段路要走。加快建设创新型国家是党的十九大提出的重大战略命题。促进科技成果转化是推动创新驱动、提高科技进步贡献率的关键环节。为此，自治区科技厅组织专家开展了“内蒙古科技成果转化路径与对策研究”，对内蒙古科技成果转化涉及的理论和实践问题进行了较为全面的分析，特别是从操作层面提出了许多具体的对策建议。课题组编辑成果《科技成果转化的内蒙古之路》由经济管理出版社出版，呈现给关心科技成果转化的社会各界。

参加本书研究和撰写的有内蒙古火炬高新技术产业开发中心、内蒙古社科联、中国宏观经济研究院、内蒙古工业大学等单位的研究人员。朱晓俊、姜宝林、赵栩、邢智仓具体承担撰稿任务，长青、巩芳参与了讨论修改，提供了相关素材，赵秀清、张晓杰、王瑞鑫、张捷等在组织协调、资料搜集、基础研究、文字编辑等方面做出了一定贡献。

本书在研究过程中，得到内蒙古自治区科技厅李秉荣厅长的关心重视，科技厅政策法规处韩勇、丁惠两位处长给予了热情指导。本书出版过程中，经济管理出版社给予了大力支持，在此一并表示衷心感谢。

在课题研究过程中，课题组参考了学术界已有的研究成果，并尽量将相关内容以参考文献的形式予以标注，在此对原创作者曾经付出的艰辛劳动表示衷心感谢。

由于作者水平有限，加之科技成果转化的理论成果较为复杂，不足之处在所难免，敬请批评指正。

作者

2017年12月